KB184545

세상의 놀라운 걸작들!

여러분은 무엇이 가장 궁금한가요?
이 질문은 자신을 알 수 있는 중요한 질문이에요.
이 책에서 만나는 모든 질문은
여러분이 무엇에 호기심을 갖고 있는지 탐구하고,
자신을 찾아가는 데 도움을 줄 거예요.
또한 새로 알게 된 지식을 친구들과 함께 공유하면
기쁨과 즐거움이 주변에 널리 퍼질 거예요.
우리가 사는 세상은 상상하는 것 이상으로
놀라운 것들로 가득하기 때문이죠!

'왓 온 어스!' 설립자
크리스토퍼 로이드

좀 더 나은 세상을 만들어 갈
나의 사랑하는 손녀
로렌자 이네즈 토메섹에게

- 스티브 -

코너와 알리슨에게

- 존 -

세상을 바꾼

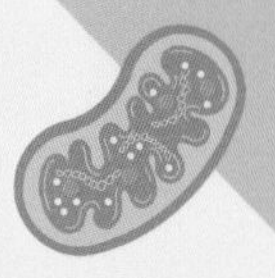

스티브 토메섹 글 • 존 디볼 그림 • 김정한 옮김

위대한 발견

햇빛, 스마트폰, 마이크, 버섯 등
우리 주변에 있는 경이롭고
흥미로운 것들에 대한 과학 이야기

놀이터

우리가 흔히 말하는 '물건'은 스케이트보드, 옷, 신발, 시계처럼 우리가 직접 손으로 만지고 사용하는 것만을 의미하지는 않아요. 물건은 그보다 훨씬 더 다양하죠. 여기 사진의 사람이 스케이트보드를 타고 있는 도로와 주변 건물도 모두 물건들로 만들어진 거예요. 땅, 공기, 햇빛도 마찬가지예요. 또한 스케이트보드를 타고 있는 그의 몸도 지구, 태양계, 광활한 우주 전체와 마찬가지로 물건이에요!

들어가는 말

우리가 사는 세상은 우리가 알지만 사실은 잘 모르는 다양한 것들로 가득해요. 우리가 숨 쉬는 공기나 마시는 물처럼 자연이 주는 것은 우리가 살아가는 데 꼭 필요한 거예요. 하지만 자연이 주는 거 말고도 책을 만들 때 필요한 종이나 여러분들이 매일 입는 옷, 사람들이 항상 눈을 떼지 않고 보는 스마트폰과 같은 것들도 있어요. 이런 것들은 모두 사람들이 만든 건데, 우리가 삶을 더 편안하고 즐겁게 살 수 있도록 도와주죠.

이 책은 매일 사용하는 물건들이 어디에서 왔는지, 또 어떻게 만들어졌는지 알려 주고, 우리가 그동안 궁금해 했던 것들에 대한 생생하고 흥미진진한 이야기도 담고 있어요. 이제부터 자연 그대로의 재료가 어떻게 인간의 손을 거쳐 놀라운 발명품으로 탈바꿈했는지 함께 탐험하는 여행을 떠나 봐요.

세상에 존재하는 모든 물건을 이 책에 다 담을 수는 없어요. 우선 우리 삶을 바꾼 특별한 물건들을 소개할게요. 그리고 그 물건들이 너무 많아 생긴 다양한 문제들도 살펴보고, 그 문제를 해결하기 위한 기발한 아이디어들을 순서대로 소개하려고 해요. 마치 한 편의 흥미진진한 추리 소설에서 탐정이 사건을 해결해 가는 것처럼 물건들이 우리 삶에 미치는 영향을 함께 파헤쳐 보는 시간이 될 거예요.

세상의 놀라운 물건들이 모인 책으로 오신 것을 환영합니다!

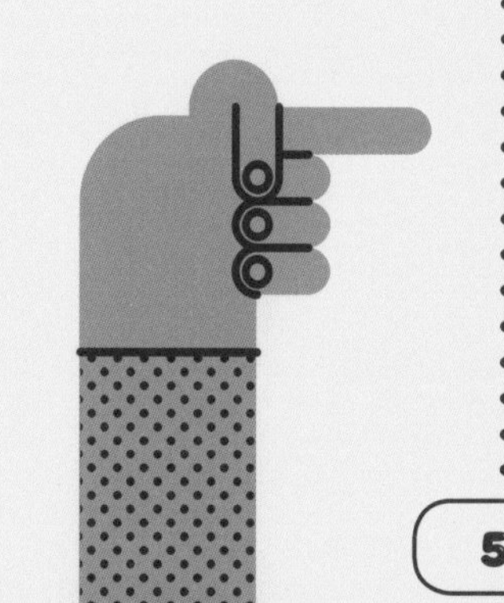

차례

stuff: 것[것들], 물건, 물질을 지칭하는 영어 단어입니다. 여기서는 이해하기 쉬운 '물건'으로 표현할게요.

STUF

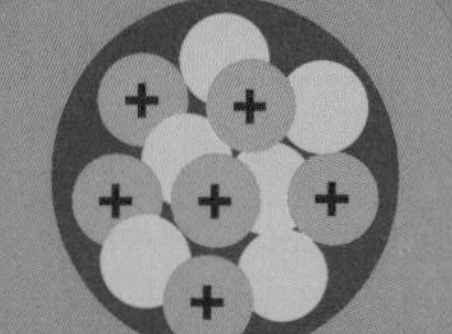

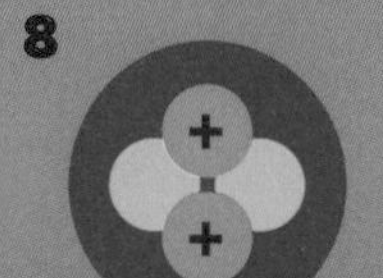

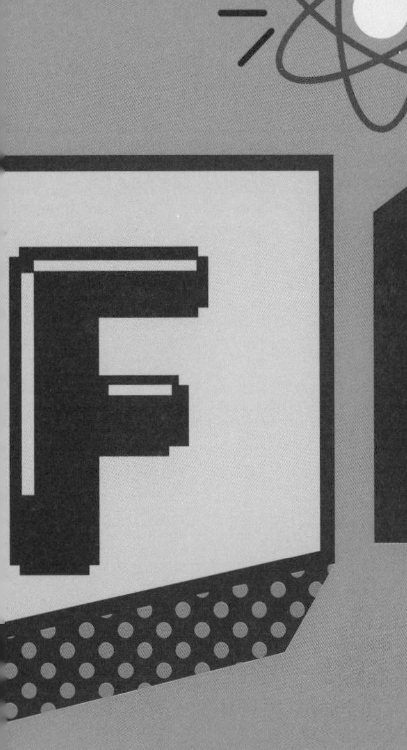

물건: 기본 개념

우리 주변에 있는 물건들이 무엇으로 만들어졌는지 모두 이해하려면, 먼저 그 가장 작은 단위가 무엇인지 알아야 해요. 우선 원자, 분자, 물질이 무엇인지, 또 에너지는 어떻게 작동하는지 등에 대해서 알아볼 거예요. 이번 장에서 다루는 이 내용은 너무 어려울 수 있으니 지금은 그냥 넘어갔다가 다른 장을 읽을 때 궁금한 점이 생기면 언제든지 다시 돌아와서 읽어도 돼요. 선택은 여러분이 하는 거예요. 필요에 따라 이 장을 참고하면 앞으로의 내용을 더 잘 이해할 수 있을 거예요.

자, 이제 시작해 볼게요. 우선 '물질'과 '에너지'라는 매우 중요한 두 가지 개념이 있어요. 물질은 원자들로 이루어진 일종의 덩어리예요. 따라서 '일정한 양'을 가지고 있는데, 이를 우리는 '질량'이라고 불러요. 일정한 양을 가지고 있으니까 또한 일정한 공간을 차지해요. 어렵죠? 간단하게 '물질'은 '원자들의 덩어리'라고만 이해해도 돼요. 그리고 '에너지'는 이 물질을 움직이고 변화시키는 거예요. 물질과 에너지 관계에서 가장 놀라운 점은 서로 변환될 수 있다는 거예요. 더 자세한 내용은 나중에 다시 나올 거예요. 지금은 여기까지만 이해하도록 해요.

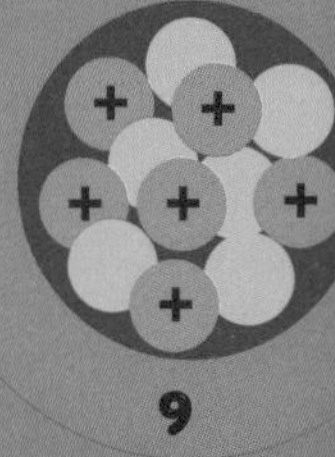

모든 것이

'물질'이 '원자 덩어리'라고 했던 거 기억하나요? 이처럼 모든 물질은 작은 원자로 이루어져 있어요. 물질이라는 형태를 이루는 모든 물건들의 기본 단위가 바로 원자예요.
이 원자에는 모두 모양이나 행동을 결정하는 고유하고 특별한 속성이 들어 있어요.
속성은 크기, 모양, 색상, 질감, 냄새 등 물건의 특징을 나타내는 것으로 매우 다양해요.
하지만 물질이 되기 위해서는 중요한 두 가지 속성을 반드시 가지고 있어야 해요.
바로 '공간을 차지해야 한다'는 것과 '질량을 지녀야 한다'는 거예요. 질량은 물질의 양을 측정하는 기준으로 우리는 보통 물질의 무게를 저울에 달아 측정해요.

물질은 제각각 상태도 달라요. 물질의 상태란 물질의 물리적 형태를 말해요.
물질은 상태에 따라 물질의 모양과 부피가 달라져요. 그래서 모양과 부피의 변화는 물질의 상태를 구분하는 중요한 기준이에요. 우리 주변에 있는 대부분의 물질은 고체, 액체, 기체, 플라즈마의 네 가지 상태로 존재해요.
고체, 액체, 기체, 플라스마가 물질의 가장 기본적인 네 가지 상태인 거죠.

보너스!

태양은 종종 불타는 '기체' 덩어리로 묘사되지만, 이것은 사실이 아니에요! 태양은 다른 모든 별과 마찬가지로 이글이글 타오르는 커다란 '플라스마' 덩어리예요!

고체는 원자들이 규칙적으로
강하게 결합되어 있어서
일정한 모양과 부피를
유지해요.

액체는 일정한
부피를 가지고 있지만
담는 그릇에 따라
모양은 변해요.

기체는 원자가 매우 자유롭게
움직여서 일정한 모양이나
부피를 유지하지 못하고,
주어진 공간에 골고루 퍼져 나가요.

공기는
기체다.

번개는 플라즈마예요.
전하를 띤 입자들이 빠르게 움직이며
빛을 내는 플라스마 상태가 되는데
매우 뜨거운 기체와 비슷해요.
('전하'에 대한 자세한 설명은 42쪽 참조)

원자와 원소

모든 물질은 더 이상 쪼갤 수 없는 작은 알갱이인 '원자'로 이루어져 있어요.
어떤 원자로 이루어졌는지에 따라 서로 다른 물질이 되는 거죠. 원자는 우리가 직접 눈으로 볼 수 없을 정도로 매우 작아요. 일반적으로 원자의 지름은 약 0.3나노미터로, 너무 작아서 엄지손가락 너비에만 약 4,000만 개의 원자를 나란히 늘어놓을 수 있을 정도예요.
얼마나 작은지 알 수 있겠죠?

원자는 대부분 '핵'과 '전자'라는 두 부분으로 이루어져 있어요. 핵은 양(+) 전하를 띤 양성자와 전하의 성질이 없는 중성자로 구성되어 있어요. 전자는 음(−) 전하를 띤 음전하로 원자의 핵 주위를 빠르게 돌아요. 양성자, 중성자, 전자를 통틀어 아원자 입자라고 해요.

각 원소가 지니는 고유한 특징을 나타내는 원자 번호는 핵 속에 있는 양성자의 수를 의미해요. 중성 상태는 원자의 양성자 수와 전자 수가 같아 전기적으로 중성을 유지하는 상태를 말해요.

현재까지 자연에서 발견된 원소는 92종류이고, 여기에 과학자들이 인공적으로 다양한 원소를 합성하여 추가했기 때문에 현재 주기율표는 자연에서 발견된 원소보다 그 수가 더욱 많아요.

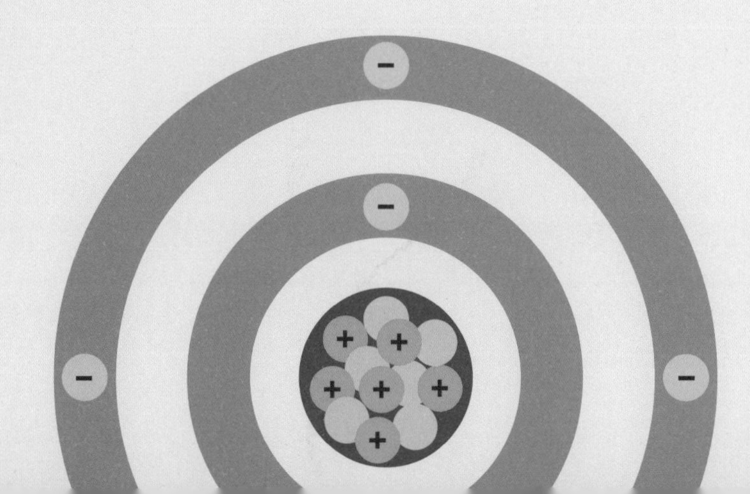

원자 번호는 핵 속에 있는
양성자의 수를 나타내는데,
헬륨은 양성자를 2개,
탄소는 양성자를 6개 가지고 있어서
각각 원자 번호가 2와 6이에요.

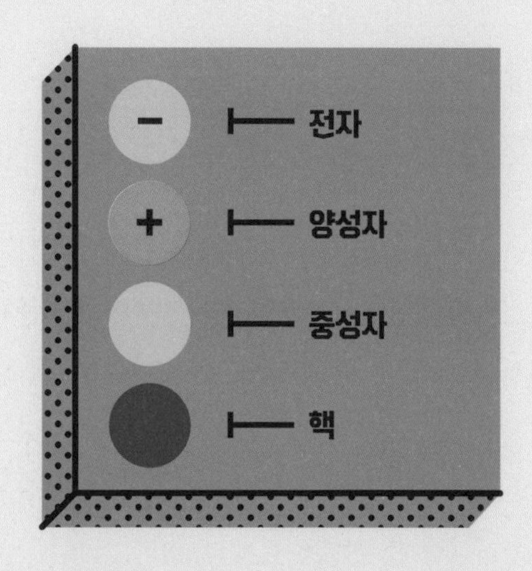

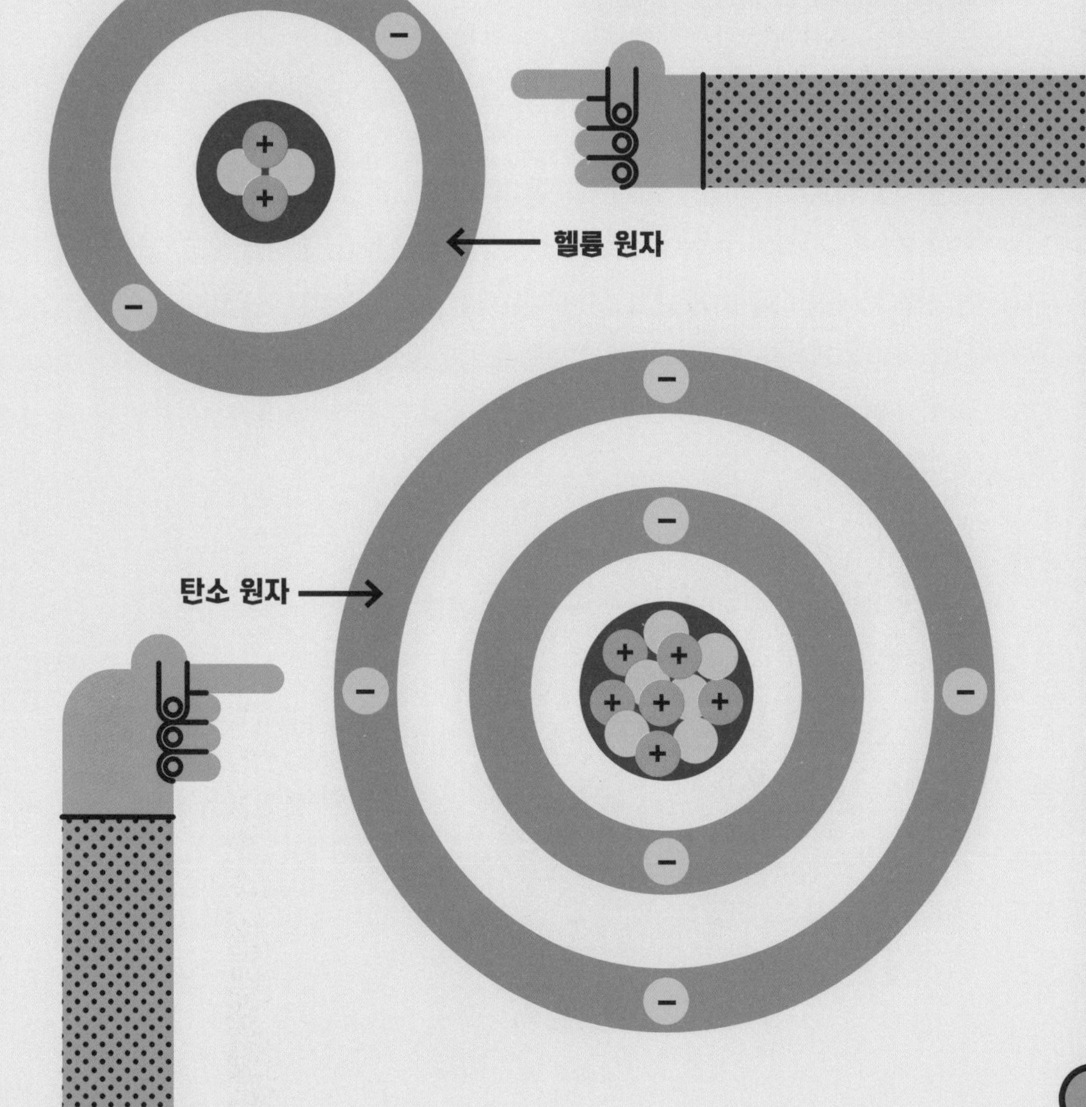

화합물

자연에는 같은 원자로만 이루어진 순수한 물질도 존재해요. 금, 구리와 같은 금속이나 수소, 헬륨과 같은 기체는 같은 원자로만 이루어진 대표적인 순수 물질이에요. 하지만 우리가 일상생활에서 접하는 대부분의 물질은 두 가지 이상의 서로 다른 원자가 결합하여 만들어진 화합물이에요. 화합물 내의 원소들은 특별한 방식에 의해 결합해요. 결합의 방식에 따라 이온 결합의 형식을 갖는 이온 화합물과 분자 결합의 형식을 갖는 분자로 구분할 수 있어요.

이온 화합물

원자들은 전자를 잃거나 전자를 얻어서 전기를 띠게 돼요.
이렇게 전기를 띤 원자를 '이온'이라고 해요. 전자를 잃으면 양(+) 전하를 띠고, 전자를 얻으면 음(-) 전하를 띠게 돼요. 마치 자석의 N극과 S극이 서로 끌어당기듯이, 전기를 띠는 이온끼리는 서로 붙어서 이온 결합을 만들어요.

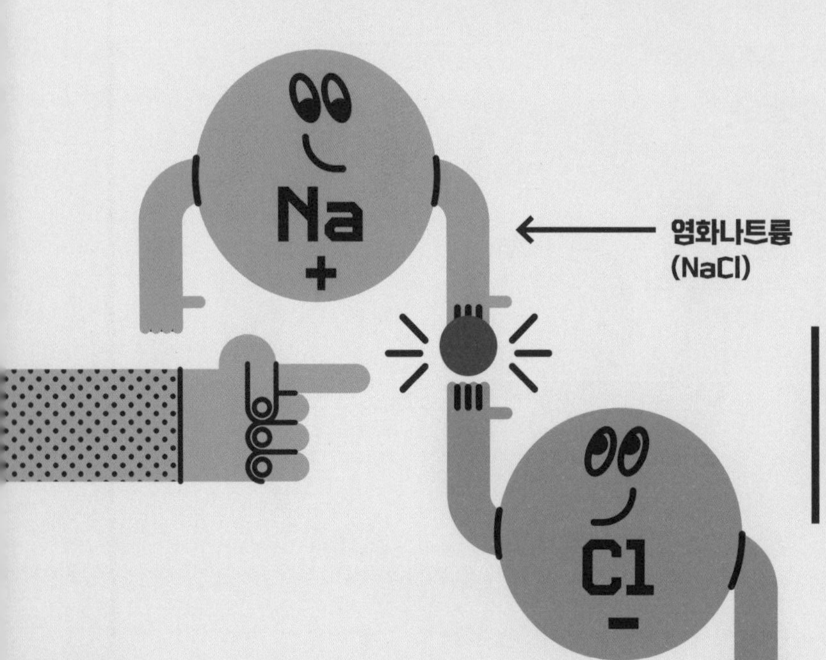

염화나트륨
(NaCl)

우리가 흔히 먹는 소금은 양전하를 띤 나트륨 이온(Na)이 음전하를 띤 염소 이온(Cl)과 결합해서 만들어진 이온 화합물이에요.

분자

원자들은 전자를 함께 공유하면서 서로 달라붙어 있기도 해요.
이를 분자 결합이라고 하는데, 이런 원자의 조합이 바로 '분자'예요.
분자는 화합물인 것도 있고, 화합물이 아닌 것도 있어요. 우리가 호흡하는 산소가 대부분 분자 형태인데, 산소 분자는 두 개의 산소 원자가 하나의 전자를 공유하여 만들어진 분자예요. 또 물 분자는 두 개의 수소 원자가 한 개의 산소 원자를 공유해서 결합한 분자이면서 동시에 수소와 산소라는 두 가지 원소로 이루어진 화합물이기도 해요.

**산소와 물은 모두 분자로 이루어져 있어요.
하지만 물은 수소와 산소라는
두 가지 서로 다른 원소로 이루어진
화합물이기도 해요.**

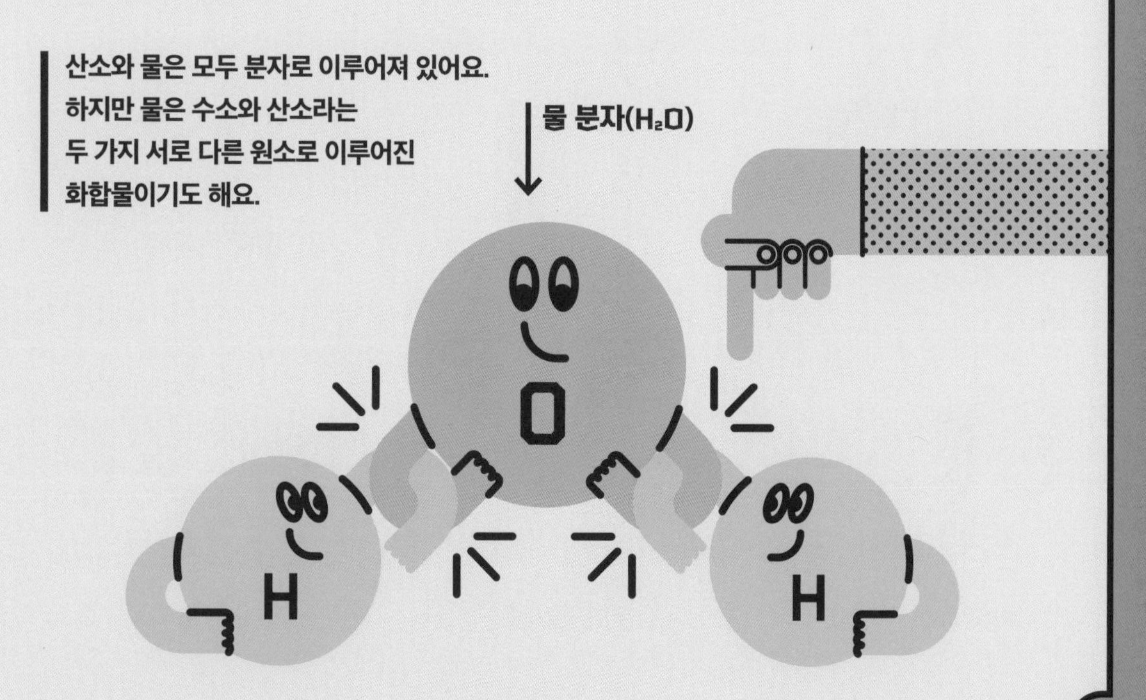

물질의 다른 형태인

에너지

물질과 함께 우리 우주를 구성하는 또 다른 중요한 요소는 바로 '에너지'예요. 에너지는 사람이 활동하는 힘 또는 물체가 가지고 있는 일을 하는 능력을 모두 가리키는 말이에요. 에너지로 인해서 사물이 움직이고, 열이 발생하며, 빛이 생기는 등 다양한 변화가 생기는 거예요. 에너지는 다양한 형태로 존재할 수 있어요. 한 형태에서 다른 형태로 변할 수도 있고, 한 물체에서 다른 물체로 이동할 수도 있지만, 절대로 생성되거나 소멸하지는 않아요.

주요 에너지는 다음과 같은 여섯 가지 유형이에요.

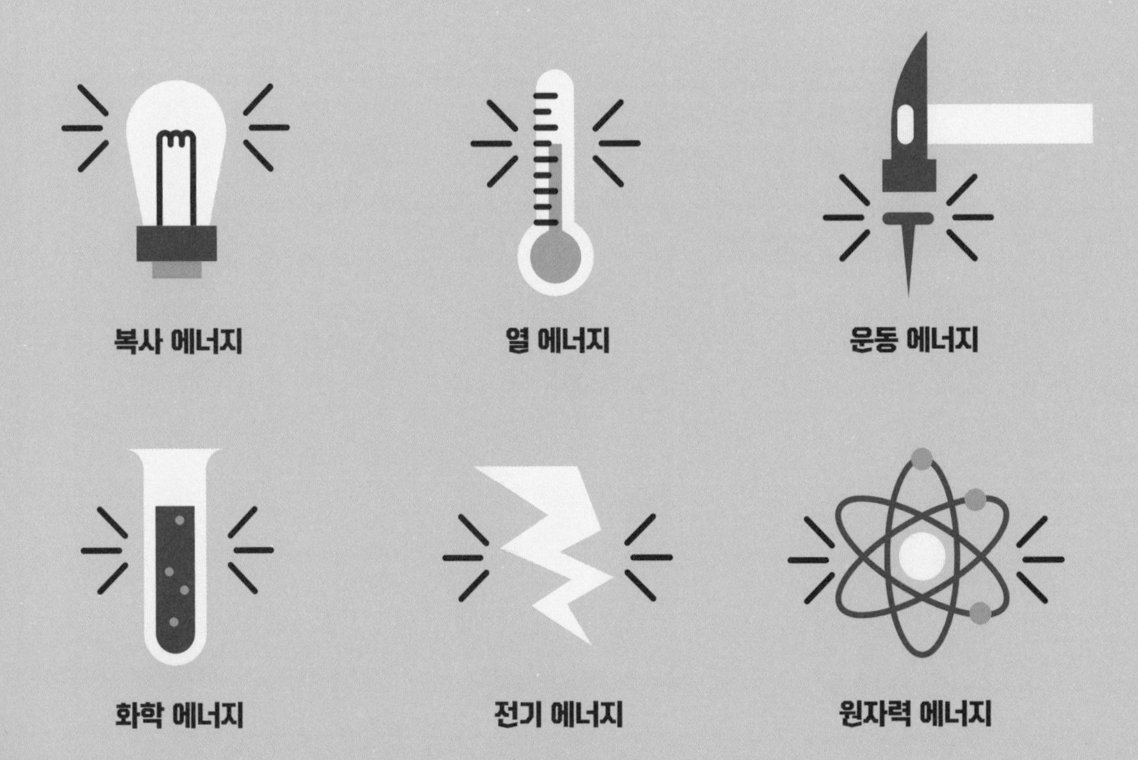

태양에서 나오는 복사 에너지는 식물의 성장에 필요한 에너지를 공급해 줘요.

복사 에너지

복사 에너지는 지구 생명체가 살아가는 데 필수적인 요소예요. 태양에서 방출되는 빛 에너지는 식물의 광합성을 통해 생명체가 필요로 하는 에너지를 만들어 내요. 또한 지구 대기를 따뜻하게 유지하는 온실 효과에도 중요한 역할을 하죠. 광합성에 대한 자세한 내용은 50쪽에서, 온실 효과에 대한 자세한 내용은 40쪽에서 확인할 수 있어요.

열 에너지

열 에너지는 우리 주변에서 흔히 볼 수 있는 에너지예요. 열 에너지는 온도를 높이고 물질의 상태를 변화시켜요. 열 에너지는 햇빛, 불, 전기 등 다양한 곳에서 얻을 수 있어요. 우리는 열 에너지를 이용해서 음식을 만들고, 따뜻하게 지낼 수도 있어요. 요리에 사용되는 열 에너지에 대해 더 알고 싶다면 62쪽을 참고하세요.

열 에너지로 다양한 제품을 만들 수 있어요. 사진처럼 강철과 같은 다양한 제품을 생산하는 데에는 고온의 액체 상태인 열 에너지가 반드시 필요해요.

바람이 가지고 있던 운동 에너지는 풍력 발전기의 터빈을 회전시켜서 전기를 만들어요. 풍력 에너지에 대한 자세한 원리와 활용 방안은 72쪽에서 확인할 수 있어요.

운동 에너지

사물이 움직일 때 발생하는 에너지를 운동 에너지라고 해요. 우리가 공을 던지거나 못을 박을 때는 운동 에너지를 사용하는 거예요. 스케이트보드를 타고 언덕을 내려갈 때 필요한 운동 에너지는 중력이 제공해 주는 거예요.
소리는 물체의 진동이 공기를 통해서 전달되면서 발생하는 에너지예요.
진동의 크기와 빠르기에 따라서 소리의 크기와 높낮이도 결정되죠. 이러한 진동이 만들어 내는 파동을 '음파'라고 하는데, 음파가 귀에 도달하면 우리는 음파를 소리로 인식해요.

화학 에너지

화학 에너지는 물질을 구성하는 아주 작은 입자들이 서로 붙어 있게 해주는 힘이에요. 이 화학 결합이 끊어지면 그 안에 있던 화학 에너지가 방출하는데, 이때 빛이나 열과 같은 다른 형태의 에너지로 변할 수 있어요.
불이 나는 것은 연료의 화학 결합이 끊어지면서 화학 에너지가 빛 에너지와 열 에너지로 바뀌는 거예요.
음식에는 우리 몸에 동력을 제공하는 화학 에너지가 포함되어 있어요. 그리고 배터리는 이 화학 에너지를 전기 에너지로 변환하는 거예요.

화학 에너지는 다른 형태의 에너지, 예를 들어 햄버거를 요리하기 위한 열 에너지로 변환될 때까지 배터리처럼 연료에 저장되어 있어요.

전기 에너지로 작동되는 기기들은 일상에서 쉽게 찾아볼 수 있어요

전기 에너지

전기는 원자를 구성하는 아주 작은 입자인 전자가 원자핵 주위를 돌 때 생기는 에너지예요. 전자들이 일정한 방향으로 움직이면 전류가 흐르게 되는데, 이 전류를 이용해 모터를 돌리거나 불을 켜는 등 다양한 일을 하는 거예요. 전기가 우리의 생활과 산업에 널리 쓰이기 시작한 것은 불과 200년 정도밖에 되지 않았어요. 더 자세한 내용은 74~77쪽에서 확인하실 수 있어요.

원자력 에너지

원자력 에너지는 원자의 중심인 핵이 둘로 쪼개지는 핵분열이나, 가벼운 원자핵들이 합쳐져 무거운 원자핵이 되는 핵융합 과정에서 발생하는 엄청난 힘의 에너지예요.
태양이 핵융합 반응으로 빛과 열을 내는 것처럼, 인류는 이러한 핵융합 에너지를 이용하여 친환경적인 미래 에너지를 만들려고 노력하고 있어요.
반면, 핵분열은 일부 핵폭탄과 원자력 발전소의 연료로 사용돼요.
원자력 에너지에 대한 자세한 설명은 112쪽을 참고하세요.

원자력 에너지는 전기를 만드는 데 사용되지만, 제대로 통제하지 못하면 매우 위험해질 수 있어서 조심해야 해요.

천연자원

STUF

암석, 물, 토양, 공기와 같은 천연자원은 생물이 성장하고 번식하는 데 꼭 필요할 뿐만 아니라 우리가 먹고, 살고, 다양한 물건을 만들어 사용하는 데에도 없어서는 안 되는 기본 재료예요.

우리가 살고 있는 지구에서 가장 중요한 에너지원은 바로 '태양'이에요. 무려 1억 5,000만km나 떨어져 있지만, 태양 덕분에 지구는 생명이 살 수 있는 따뜻하고 밝은 환경을 유지할 수 있어요. 만약 태양이 없다면 지구는 꽁꽁 얼어붙고, 빛 하나 없는 암흑만 가득한 황량한 행성이 되었을 거예요!

이번 장에서는 우리가 살아가는 세상을 만드는 기본 물질인 '천연자원'을 탐구할 거예요. 천연자원은 생명체가 살아가는 데 꼭 필요하며, 우리가 사용하는 모든 것들의 근원이에요.

모든 것의 시작
빅뱅

우리는 물질에 둘러싸여 살고 있어요. 우리 자신도 역시 물질로 이루어졌죠.
그렇다면 이 모든 것들은 어떻게 시작했을까요? 약 138억 년 전, 우주에서 일어난 '빅뱅'이라는 엄청나게 강력한 폭발이 그 시작이에요.

빅뱅이 일어난 초기 우주는 엄청나게 뜨겁고, 밀도도 아주 높아서 원자가 존재하지 않을 정도였어요. 대신 빛을 포함한 수많은 에너지가 있었고 양성자, 중성자, 전자가 각각 분리되어 존재했어요.
(이들 아원자에 대한 자세한 내용은 12쪽을 참조하세요.)

시간이 흘러 약 38만 년 후, 우주가 식으면서 가장 단순한 두 원소인 수소와 헬륨이 처음으로 원자를 만들 수 있게 되었어요.
수소와 헬륨은 지구에서는 기체로 존재하지만, 태양과 대부분의 다른 별을 구성하는 주요 성분이기도 해요. 사실, 이 원소들은 오늘날에도 우주에서 가장 풍부한 원소예요.

그렇다면 나머지 원소들은 어떨까요? 어떻게 지구까지 왔을까요?
바로 여기서 '중력'이 등장해요. 중력은 물체를 한곳으로 끌어당기는 힘이에요.
원자는 엄청나게 작지만, 아무리 작아도 중력의 영향을 받을 수밖에 없어요.
초기 우주에 있던 수소와 헬륨의 원자가 중력으로 인해 조금씩 서로 뭉치기 시작했어요.

별

물질이 어떻게 에너지로 변하고, 또 에너지가 어떻게 물질로 변하는지 기억하나요? 원자 덩어리가 충분히 커지면 그 모든 물질을 압박하는 압력이 모여서 핵융합이 일어나고, 그 과정에서 물질의 일부를 다시 에너지로 바꾸기 시작해요. 이렇게 물질이 큰 덩어리가 되면서 에너지를 만들기 시작하면, 우리는 그것을 '별'이라고 불러요.

이 초기의 별들이 성장하면서 별의 중심부에 생긴 훨씬 더 큰 압력이 상대적으로 더 작은 원자를 밖으로 밀어내면서 탄소, 산소, 철과 같은 무거운 원소를 만들었어요.

수백만 년이 지나면서 초기 별들은 에너지로 전환할 수 있는 원소를 모두 고갈했고, 죽어가기 시작했어요. 큰 별에 이런 일이 생기면 중력에 의해 별은 스스로 붕괴를 일으키고, 다시 뜨거워진 다음 초신성이라는 우주 폭발을 일으켜요. 이때 초신성은 훨씬 더 무거운 원소를 만들게 되고, 우주로 날아가서 성운이라고 알려진 거대한 먼지와 가스 구름을 형성하죠. 바로 이 성운에서 새로운 별과 그들의 신생 태양계가 태어나는 거예요.

보너스!

탄소와 철 등 우리 신체에서 발견되는 많은 원소는 고대의 별 중심부에서 만들어졌기 때문에 사실 우리도 따지고 보면 '별의 물질'이에요!

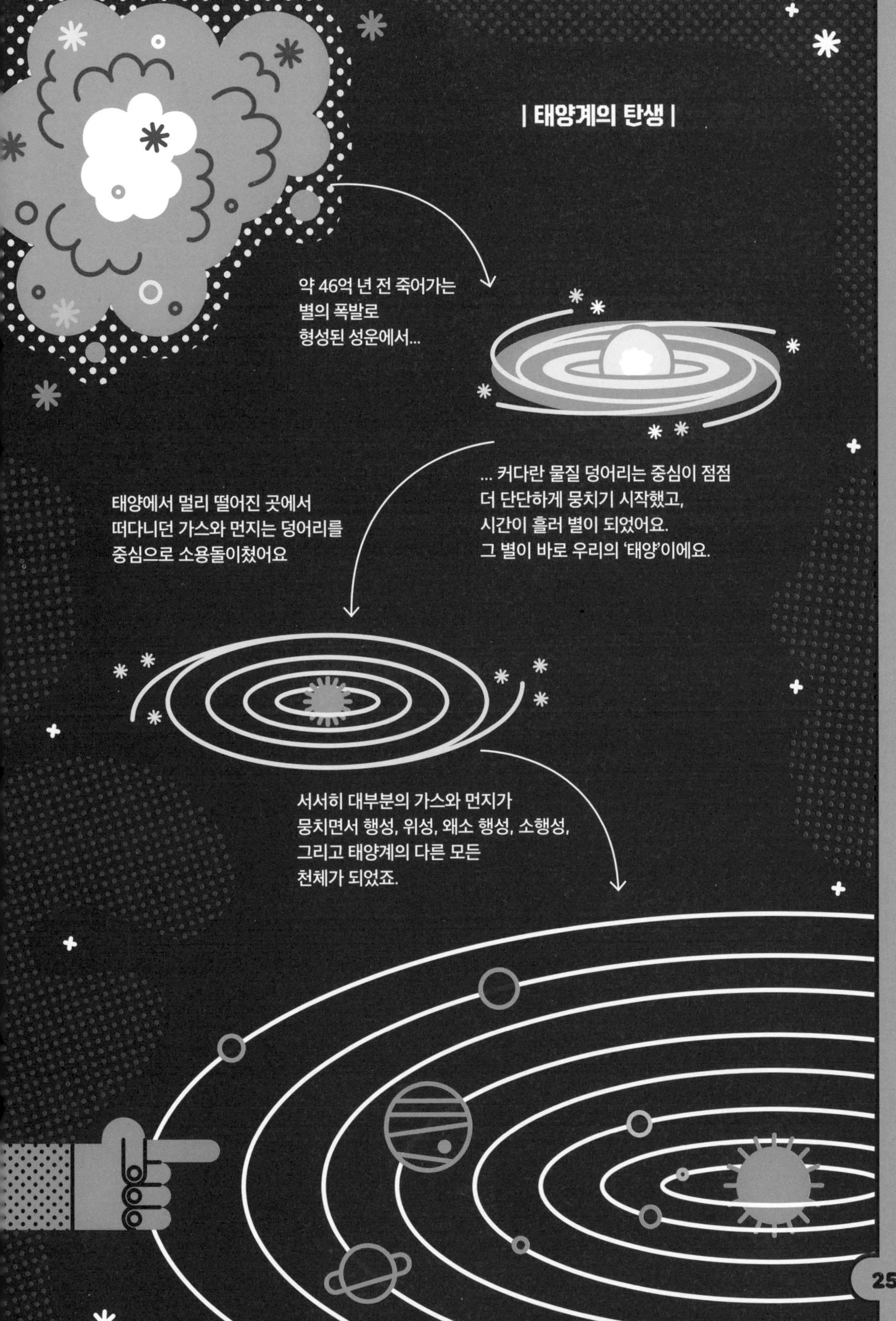
| 태양계의 탄생 |
약 46억 년 전 죽어가는
별의 폭발로
형성된 성운에서...
... 커다란 물질 덩어리는 중심이 점점
더 단단하게 뭉치기 시작했고,
시간이 흘러 별이 되었어요.
그 별이 바로 우리의 '태양'이에요.
태양에서 멀리 떨어진 곳에서
떠다니던 가스와 먼지는 덩어리를
중심으로 소용돌이쳤어요
서서히 대부분의 가스와 먼지가
뭉치면서 행성, 위성, 왜소 행성, 소행성,
그리고 태양계의 다른 모든
천체가 되었죠.

우리 아래 땅인

암석

태양계가 형성되었을 때 철, 니켈, 산소, 실리콘과 같은 일부 원소는 지구상에서 '암석'이 되었어요. 암석은 우리에게 화려해 보이지는 않지만 정말 놀랍고 멋진 물질이에요! 암석은 대륙을 구성할 뿐만 아니라 바다 깊은 곳에도 있어요.

지구의 핵을 제외한 지구 내부 대부분은 암석이에요. 기온이 엄청나게 뜨거운 지구 내부에서는 암석이 일부 녹아 '마그마'라는 액체 형태로 존재해요. 지하 깊은 곳에서 고온의 액체 상태로 존재하는 마그마는 간혹 결정과 가스를 포함하기도 해요. 이 마그마는 때로는 용암으로 분출되어 지구 표면으로 흘러나온 후 식어서 새로운 암석을 만들기도 하죠.

고대 이집트인들은 피라미드와 같은 거대한 건축물을 세우는 등 다양한 방식으로 암석을 활용했어요. 이 피라미드들은 약 4,500년 전 파라오 시대의 위대한 업적이에요.

대부분의 암석은 결정을 형성하는 원소 또는 원소의 조합인 광물로 만들어져요. 그리고 우리가 사용하는 거의 모든 금속은 광석이라는 특별한 암석에서 얻은 거예요. 가장 흥미로운 광물은 '암염'이에요(14쪽에서 화합물을 확인하세요). 암염은 나트륨과 염소라는 두 가지 원소로 구성되어 있어요. 암염의 가장 놀라운 점이 무엇인지 아시나요? 바로 우리가 갈아서 먹는 유일한 광물이라는 점이에요. 암염이 무엇인지 궁금하죠? 혹시 눈치 챘나요? 맞아요. 암염은 우리가 '소금'이라고 부르는 거예요!

암석은 영원한 물질은 아니에요. 물, 바람, 얼음은 암석을 작은 조각으로 잘게 깨뜨려서 퇴적물 또는 침전물로 만들어요. 그리고 이러한 퇴적물에서 모래와 점토 같은 것들이 나와요. 이 퇴적물이 우리의 토양에서 상당히 많은 부분을 차지하고 있어요.
(자세한 내용은 30쪽을 참조하세요.)

어디를 보든지 우리는 끊임없이 변하고 때로는 먹을 수도 있는 암석을 볼 수 있어요. 이것이 바로 암석이 이 책에서 가장 먼저 등장한 이유예요!

보너스!

우리가 손으로 직접 광물을 만들어 볼 수도 있어요. 큰 플라스틱 컵에 따뜻한 물을 반 정도 붓고, 소금 5티스푼 정도를 모두 녹을 때까지 저어 줘요. 일주일 정도 그대로 두면, 컵에서 물이 증발하면서 컵 측면에 예쁜 소금 결정이 자라는 것을 볼 수 있어요.

자석

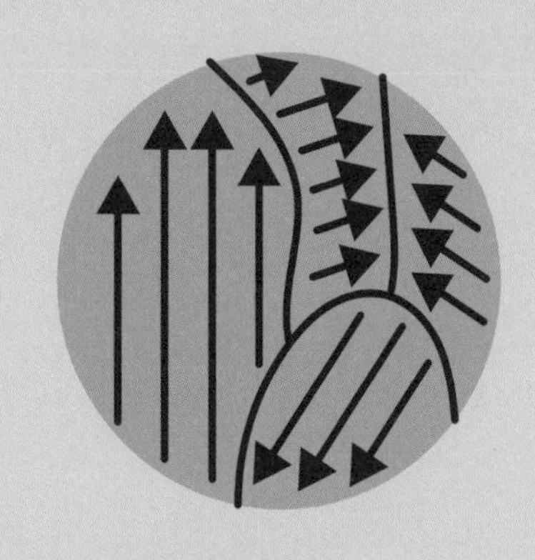

암석은 외부에서 힘을 가하지 않는 한 움직이지 않아요. 하지만 다른 물건을 끌어당기는 힘을 가진 암석도 있어요. 우리는 이러한 별난 암석을 '천연 자석'이라고 불러요.

자석은 철과 강철 등을 끌어당기고, 지구의 자기장과도 서로 영향을 주고받는 아주 특별한 금속이에요. 나침반의 바늘이 남북을 가리키는 것도 지구의 자기장과 자석의 성질 때문이에요.

위 그림은 철 조각의 자기장을 만드는 것이고, 아래 그림은 자석 내부에서 자기장이 정렬되는 모습이에요.

그렇다고 모든 철 조각이 자석이 되는 건 아니에요. 왜 그럴까요? 모든 것은 전자 때문이에요(12쪽 참조). 자석이 되려면 전자가 모두 같은 방향으로 돌아야 하는데, 보통은 전자가 제각각 다른 방향으로 돌고 있기 때문이죠. 마치 친구들이 손을 하나씩 잡고 같은 방향으로 돌아야 원이 되는 것처럼 말이에요.

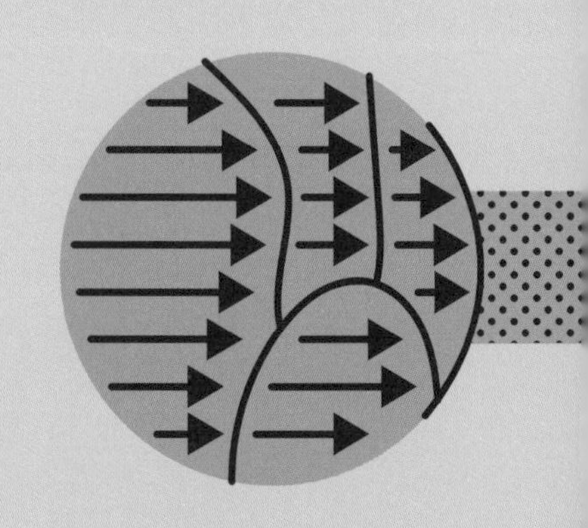

자석은 외부자기장에 의한 자석의 성질에 따라 일시 자석과 영구 자석으로 나눌 수 있어요. 전자석의 철심과 같이 외부자기장을 제거하면 자석의 성질이 없어지는 것이 일시 자석이고, 일단 자성을 가지면 외부자기장을 제거해도 계속해서 자석의 성질을 보유하는 것이 영구 자석이에요.

아래 돌멩이는 자석처럼 작용해서
작은 철 조각을 끌어당기고
있어요.

영양소가 가득한

암석은 오랜 시간 풍화되면 부서져서 작은 알갱이가 돼요. 여기에 죽은 식물과 동물이 썩어서 만들어진 화학 물질인 유기물이 더해지면 비옥한 흙, 즉 토양이 만들어지는 거죠. 흙 속에는 암석에서 나온 광물들이 다양하게 섞여 있기 때문에 식물이 자라는 데 필요한 양분을 제공할 수 있어요.

죽은 생물과 암석이 부서진 퇴적물에서 나오는 화학 물질은 모두 영양소예요. 영양소는 토양을 수백만 가지의 다양한 생물이 살기에 완벽한 집으로 만들어 줘요. 그래서 토양 덕분에 박테리아, 곰팡이, 식물, 곤충, 벌레, 귀여운 토끼까지 살아갈 수 있는 거예요. 토양이 없다면 숲, 초원, 옥수수 밭이나 기타 작물도 없었을 거예요. 그리고 이러한 환경이 없다면 우리 인간도 존재하기 어려웠겠죠. 이처럼 토양은 천연자원 가운데에서 가장 인간과 깊은 관련을 맺고 있어요. 토양은 자연과 인간을 연결하고, 또 인간의 생명을 유지시켜 주는 식량 생산의 바탕이 되고 있죠.

대부분의 토양은 다양한 지층으로 이루어져 있어요.
우리는 이를 '층'이라고 불러요. 낙엽과 유기물 퇴적층인
O층과 토양의 맨 위층인 A층에는 지렁이와 다른 생명체가 먹고
배설하는 영양소가 대부분 포함되어 있어요.

유기물층 - O층

용탈층 - A층

집적층 - B층

모재층 - C층

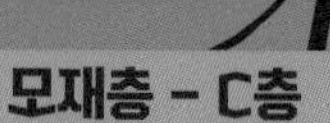

지구를 가득 채운

지구는 물로 가득 차 있어요.
지구 표면의 약 71%가 물로 덮여 있죠.
과학자들은 지구에 약 13억 8,600만㎦의
물이 있다고 추정하는데, 이는 올림픽 경기가
열리는 수영장을 500조 개 이상 채울 수 있는
어마어마한 양이에요!
그리고 이 물의 약 97%는 바닷물이에요.

민물은 얼음과 빙하, 호수, 강, 연못, 개울, 지하수, 수증기, 생명체 내의 물을 말해요. 지구상의 물 전체에서 차지하는 민물의 양은 3%도 채 되지 않아요.

물은 지구상의 모든 생명체에게
없어서는 안 되는 필수 요소예요.
생명체는 대부분 물로 이루어져
있으며, 지속적으로 물을
공급받아야만 생존할 수 있어요.
사람은 하루에 약 2L 이상의 물을
섭취해야 하고, 물은 우리에게 필요한
영양소는 아니지만, 생리 작용에 있어서
아주 중요한 역할을 해요.

97% 바닷물
3% 민물

**일반적으로 성인 체중의 절반 이상이 물이지만,
어린아이의 경우에는 그 비율은 더 높아요.
사실, 막 태어난 아기는 체중의 약 78%가 물이에요!**

놀라운 물 분자

여기서는 15쪽에서 간단히 살펴봤던 물 분자를 더 자세히 알아보기로 해요.
물은 두 개의 수소 원자와 하나의 산소 원자가 결합한 멋진 화합물이에요.
산소가 전자를 더 강하게 끌어당겨 수소 쪽은 양전하를, 산소 쪽은 음전하를 띠어요.
그래서 물은 자석처럼 '극성 분자'로 작용하게 되고, 한 분자의 산소(음전하) 끝은
다른 분자의 수소(양전하) 끝에 끌리게 되는 거죠. 이렇게 산소와 수소 사이의 분자 결합은
극성이 되고, 액체 상태의 물은 강한 극성을 가지게 돼요. 또한 물 분자는 가시광선은
흡수하지 않기 때문에 우리 눈에 무색 투명하게 보이는 거예요.

**물의 극성을 시험해 보려면
접시에 물방울을 몇 개
떨어뜨리고 위쪽으로
부드럽게 불어 보세요.
두 방울이 서로
가까워지면 분자의
음극과 양극이 서로 끌어당겨
하나의 큰 물방울로 합쳐질 거예요.**

물 분자 (H_2O)

얼음

얼음은 물의 고체 상태로 매우 흥미로운 물질이에요!
놀랍게도 얼음이 우리의 생태계를 안전하게 보호하고 있어요. 물이 얼음으로 변하면 부피가 팽창해서 더 많은 공간이 필요하게 되죠. 이 때문에 얼음은 밀도가 낮아지고 물 위에 뜨게 되는 거예요. 얼음이 담긴 물잔을 보면 이러한 원리를 알 수 있어요.
연못물은 위에서부터 얼기 시작해 얼음이 마치 뚜껑처럼 연못을 덮어줘요.
이 얼음 덕분에 연못 속에 있는 물은 쉽게 얼지 않죠. 그 덕분에 연못 안에 살고 있는 생물들은 추운 겨울을 따뜻하게 보낼 수 있는 거예요.

물의 순환

물은 지구상에서 수십억 년 동안 존재해 왔어요.
오늘날 우리가 마시는 물은 7,000만 년 전
공룡이 마셨던 바로 그 물일 수도 있는 거죠!
그렇다고 해서 더럽다고 생각할 필요는 없어요.
지구상의 물은 자연적으로 정화되고 재활용되는
물 순환 과정을 거치기 때문이에요.

액체 상태의 물이 태양에 의해 가열되면,
일부는 증발하여 기체인 수증기로 변해요.
수증기는 순수한 상태인 물을 말해요.
물이 기체로 증발하는 과정에서 먼지나
박테리아는 남고 순수한 수증기만
하늘로 올라가요. 이 수증기가 차가운
공기를 만나면 다시 작은 물방울로
변하는데, 이것을 '응결'이라고 해요.
응결된 물방울들은 모여서 구름을
만들고, 구름 속 물방울이 더 커지면
비나 눈, 우박 등의 형태로 다시 땅에
내리게 돼요. 이렇게 물은 끊임없이 하늘과 땅 사이를 순환하는 거죠!

공룡이 마신 물을
우리도 마신다고
상상해 보세요!

물의 변화는 태양의 열에 의해 발생하는 거예요. 이때 물은 물의 상태만 바뀌는 거예요. 그리고 흐르는 물은 우리가 살고 있는 땅의 지형을 바꾸기도 해요. 또 물은 돌고 돌면서 구름, 눈, 비와 같은 기상 현상을 일으키죠. 이것은 모두 물이 순환하기 때문에 일어나는 현상이에요.

생명을 주는

햇빛은 놀라운 물질이에요.
햇빛에는 우리 눈에 보이는
가시광선뿐만 아니라, 전파, 마이크로파, 적외선, 자외선, X선, 감마선과 같은
다양한 종류의 복사 에너지가 있어요(17쪽 참조).
복사 에너지가 이렇게 다양한 이유는 전달되는 파동이 진동하는 속도가 서로
모두 다르기 때문이에요. 전자기파는 파장이 긴 쪽에서 차례로 전파, 적외선,
가시광선, 자외선, X선, 감마선 등의 순서예요. 즉 전파는 가장 느리게 진동하고,
감마선은 가장 빠르게 진동하죠.
모든 종류의 복사 에너지를 통틀어 '전자기 스펙트럼'이라고 불러요.

우리는 수년에 걸쳐서 전자기 방사선을 다양하게 생활에 활용하고 있어요.
예를 들어 전파를 라디오, TV 방송, 통신 등에 사용해서 서로 정보를 전달하고 있어요.
그리고 마이크로파를 전자레인지에 이용해서 음식을 쉽고 빠르게 데우는 데 사용하고,
적외선을 이용하여 온열기나 난방 시스템에 활용하고 있죠. 이외에도 X선을 뼈가
부러졌는지 확인하거나 질병을 진단하는 의료 영상 검사에 사용하고 있고,
감마선을 강력한 살균 작용에 이용해 암세포를 죽이는 치료에 쓰고 있어요.

햇빛 덕분에 지구상의 거의 모든 생명체가 살아 가고 있는 거죠.
식물은 햇빛으로 양분을 만들고, 인간과 동물은 그 식물을 먹고 살아요.

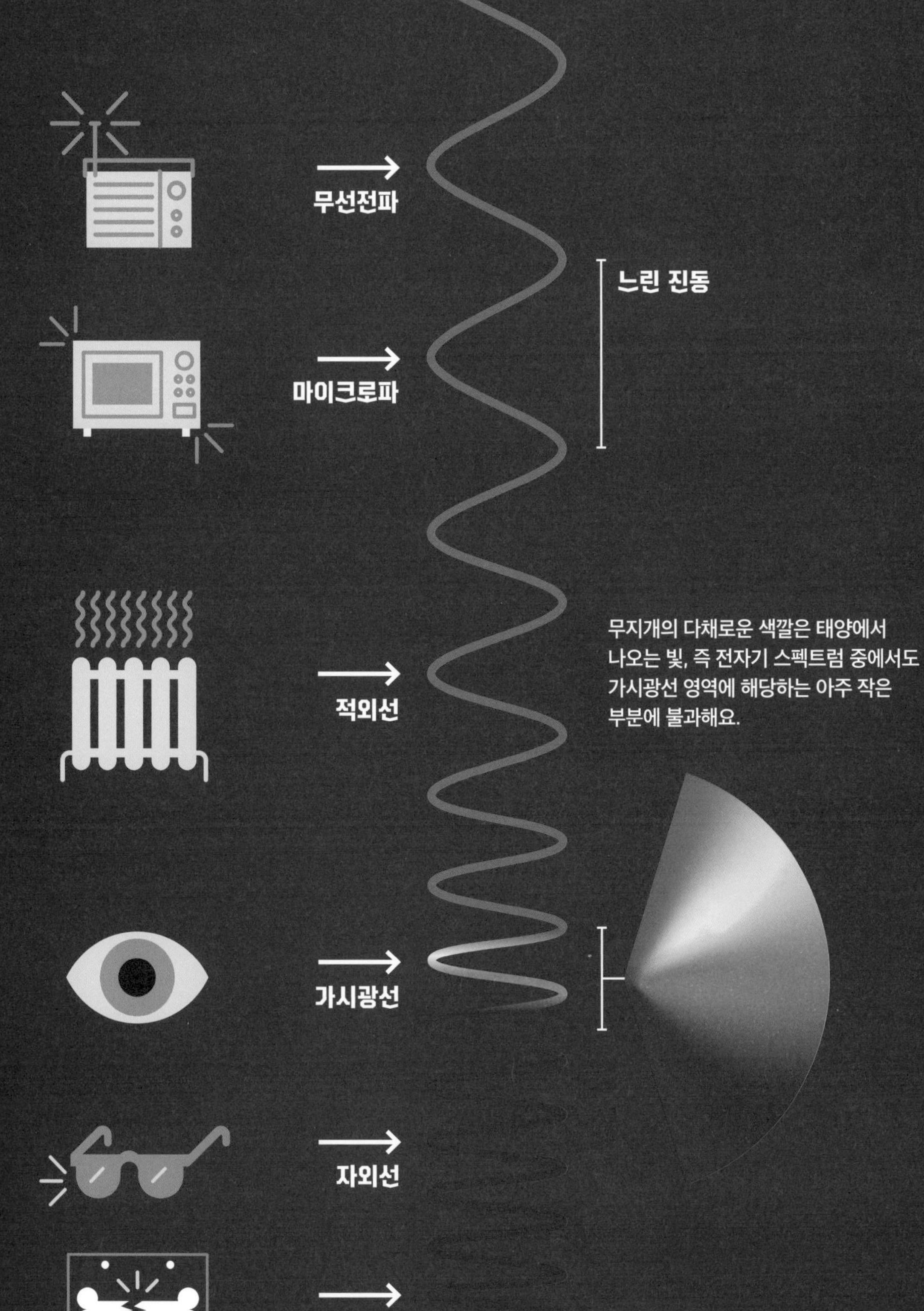

무지개의 다채로운 색깔은 태양에서 나오는 빛, 즉 전자기 스펙트럼 중에서도 가시광선 영역에 해당하는 아주 작은 부분에 불과해요.

공기는 음식과 물처럼 우리가 살아가는 데 반드시 필요해요. 지구의 많은 생명체는 생존을 위해 공기 중에서 산소가 필요하고, 식물은 광합성을 통해 이산화탄소를 흡수하고 산소를 배출해요. 이 산소를 인간과 동물이 마시면서 호흡하는 거죠.

(광합성에 대한 자세한 내용은 50쪽 참조)

지구를 둘러싸고 있는 공기는 날씨를 조절해요. 공기는 질량을 가진 기체의 혼합물이에요. 그리고 지구를 둘러싸면서 공기가 지구 표면을 누르는 힘을 '기압'이라고 해요.
공기의 온도는 기압과 밀접한 관련이 있어요. 온도가 변하면 기압도 변하게 되는데 이러한 기압 차이로 인해 고기압 지역에서 저기압 지역으로 공기가 이동하면서 '바람'이 부는 거예요!

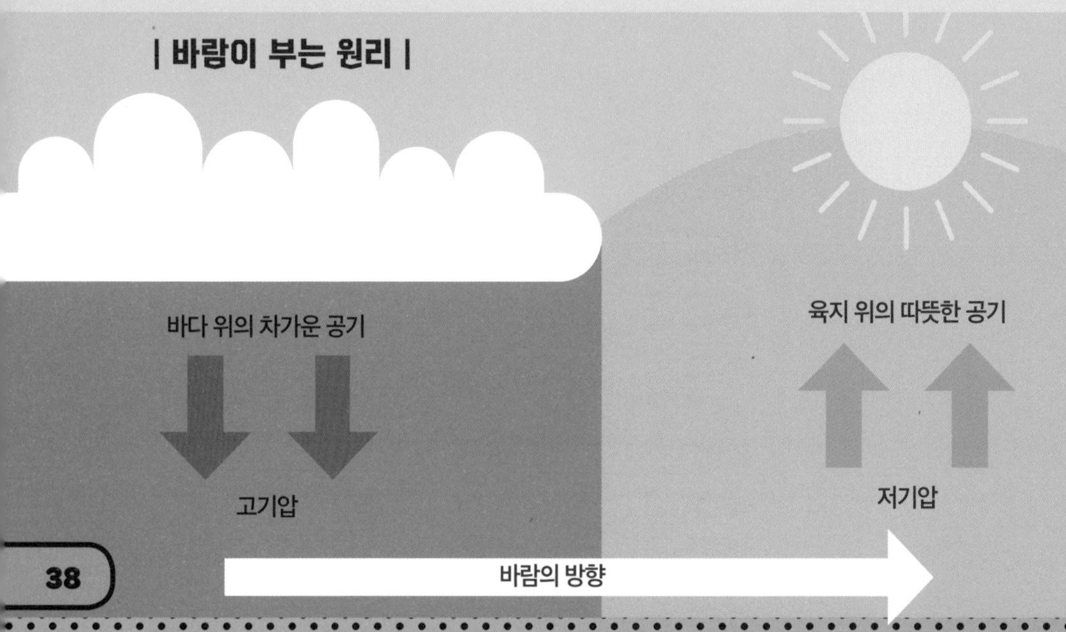

허리케인은 적도 근처 뜨거운 열대 지방에서 만들어져요. 해수면 근처의 저기압 공기가 폭풍의 중심을 통해 상승하고, 그 자리를 더 차가운 고기압 공기가 차지하려고 이동하면서 초고속으로 회전하는 바람이 발생하는 거예요.

온실

지구를 둘러싸고 있는 모든 공기를 '대기'라고 해요. 대기는 우리가 숨 쉬는 데 필요한 공기를 제공하고, 다양한 날씨 현상을 만드는 거 이외에도 우리가 밤에 덮는 이불처럼 지구를 감싸서 따뜻하게 유지해 줘요.

대기가 만드는 이불의 따뜻함은 대기 중에 얼마나 많은 수증기, 이산화탄소, 메탄과 같은 온실가스가 있는지에 따라 달라져요.

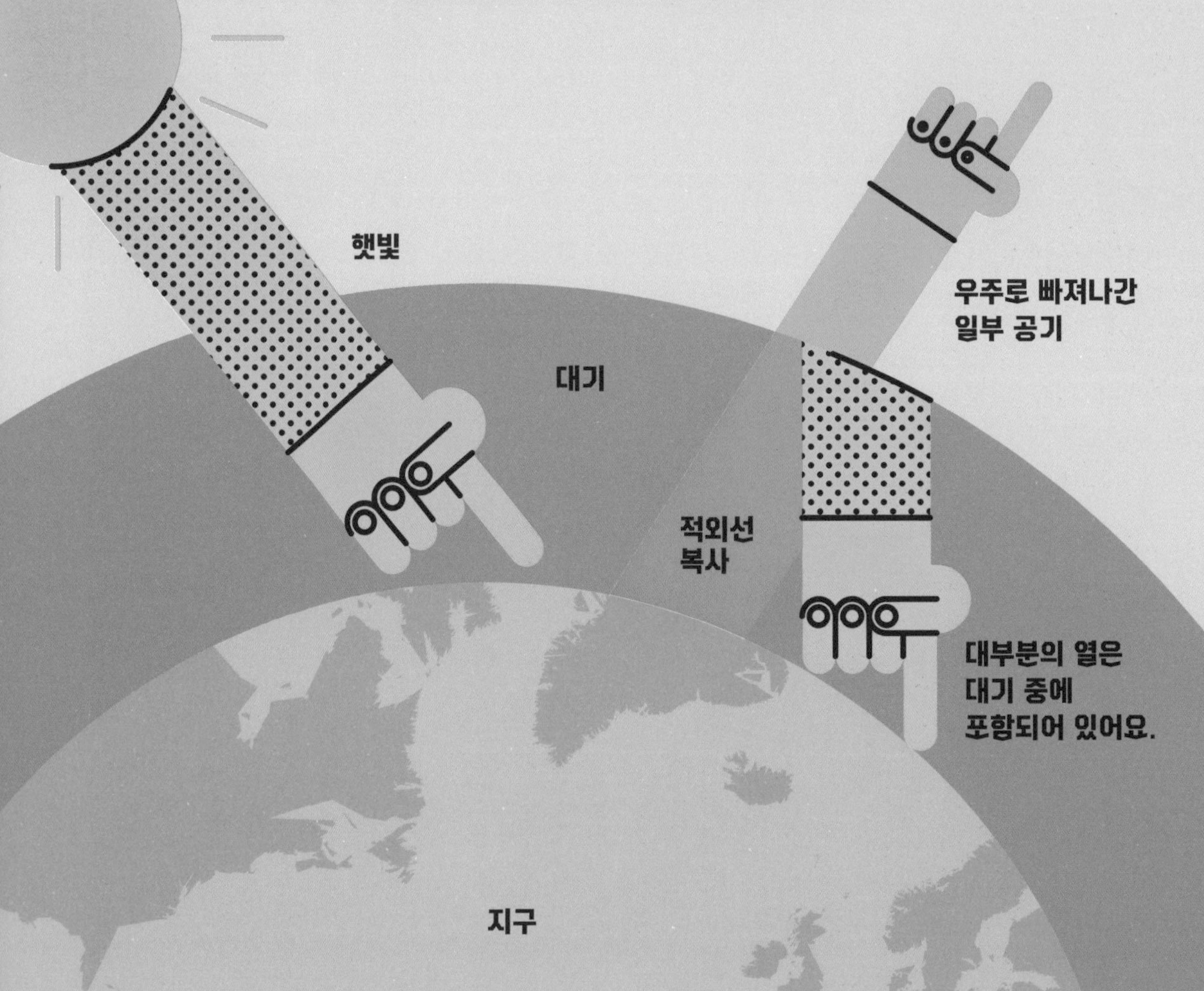

보너스!

**대기 중의 온실가스 때문에 걱정이 많아요.
그리고 걱정할 이유는 충분해요. 하지만 온실 효과가 전혀 없다면
지구에 사는 대부분의 생명체는 너무 추워서 생존하기 힘들 거예요.**

대기 중 온실가스의 양이 줄어들면 지구는 차가워져서 다시 빙하기가 올 수도 있고,
반대로 온실가스의 양이 증가하면 지구의 온도가 상승하여 뜨거워질 수도 있어요.
지금까지 지구는 수백만 년 동안 생명체가 살기에 가장 적합한 온도를 유지하고 있어요.

하지만 산업혁명 이후 200년 동안 화석 연료 사용이 급증하면서 대기 중 온실가스 농도가
빠르게 증가하고 있어요(70쪽 참고). 이로 인해 지구 온도가 급격히 상승하고 있고,
이를 우리는 '기후 변화'라고 불러요. 현재 기후 변화는 전 세계적으로 심각한 문제를
야기하고 있어요.

최근에는 기후 변화의 폭이 너무 커서 기후 변화의 영향을 사람들이 직접적으로 체험할 수
있을 정도가 되었어요. 기후 변화는 계속되는 가뭄이나 폭염, 갑작스러운 혹한을 몰고 와서
우리의 삶에 커다란 영향을 주고 있죠. 이런 기후 변화가 장기간 계속 축적되면 앞으로
우리 삶에 엄청난 영향을 주게 될 거예요.

**태양에서 온 햇빛은 지구 대기를 통과하여 지표면에 도달하고,
지표면을 데워요. 데워진 지표면은 다시 열 에너지를 방출하는데,
이것이 '적외선'이에요. 적외선은 가시광선과 달리 대기 중의 특정 기체,
즉 온실가스에 흡수되어 대기의 온도를 더 높이게 돼요.
이러한 현상을 '온실 효과'라고 해요.**

불

대기가 만들어 내는 또 다른 물질은 '불'이에요. 불은 연료가 산소와 결합하여 빠르게 산화하는 과정으로, '연소'라고 해요. 연료를 태우려면 먼저 발화점이라는 특정 온도까지 가열해야 해요. 이 발화 온도에 도달하면 연료는 작은 조각으로 분해되면서 산소와 결합하여 이산화탄소와 물 등 새로운 물질을 만들면서 동시에 많은 열과 빛을 생성해요(17쪽 참조). 이때 발생하는 열은 주로 적외선 형태로 우리가 불을 뜨겁다고 느끼게 만드는 거예요. 연료와 산소가 충분히 공급된다면 연소 반응은 계속해서 일어나고 불은 꺼지지 않아요.

그렇다면 불을 끄기 위해서는 어떻게 해야 할까요? 불이 나려면 불에 탈 수 있는 물질, 즉 연료가 있어야 하고, 물질이 산소와 결합해야 해요. 마지막으로 특정한 온도인 발화점에 도달해야 해요. 따라서 이 세 가지 조건 중 한 가지 이상을 제거하면 불을 끌 수 있어요.

자연 속에서 발생하는 불은 대부분 번개와 같은 자연 현상에 의해 시작돼요. 인류는 아마도 이러한 자연 발생적인 불을 관찰하면서 불을 다루는 방법을 터득했을 거예요.

번개는 자연 현상 중 가장 강력한 전기 방전 현상이에요. 구름 속에서 마찰에 의해 전자가 한쪽으로 몰리면 강한 전하가 발생하는데, 이를 '정전기'라고 해요. 이렇게 축적된 전하가 더 이상 버티지 못하고 순간적으로 방출되면서 번개가 발생하는 거예요. 번개가 번쩍이는 것은 이때 발생하는 강력한 에너지가 공기를 가열해서 플라스마 상태로 만들기 때문이죠. 이 플라스마는 태양 표면보다 더 뜨거울 수 있어요. ⟶

최고의 선물
생명

살아 있는 생명체인 인간이나 나무, 사자, 박테리아, 버섯 등의 몸을 구성하는 물질은 앞에서 보았던 바위나 별과 크게 다르지 않아요. 하지만 우리는 살아 있고, 바위나 별은 그렇지 않죠. 그렇다면 살아 있다는 것은 무엇일까요? 우선 생명체는 별과 이상하게 비슷한 점이 많아요. 생명체는 물질을 만들기 위해 에너지를 사용하고, 물질을 분해하여 에너지를 만들죠. 마치 별이 중력을 이용하여 에너지를 만들어 내는 것처럼 말이에요. 하지만 생명체는 에너지를 만들 때 중력이 필요하지 않아요. 놀랍게도 생명체는 중력 없이도 스스로를 유지할 수 있어요. 이것은 약 30억 년 전, 최초의 단세포 생명체가 가졌던 놀라운 능력이고, 우리는 그 후손으로서 이 능력을 이어받아 지금까지 살아오고 있죠!

↑ 생명체

생명체가 되기 위해서는 에너지를 이용하여 스스로 유지하는 능력 이외에도 몇 가지 중요한 조건이 더 필요해요. 우선 생명체는 주변 환경과 분리된 독립적인 개체여야 해요. 그리고 생명체는 진화할 수 있어야 해요. 다시 말하면 여러 세대를 거치면서 환경에 더 잘 적응하도록 변화할 수 있어야 해요. 마지막으로 생명체는 주변 환경의 변화를 감지하고, 이에 맞춰 자기 몸을 조절해서 환경에 대응해야 해요.

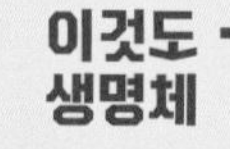

생명체
이것도 역시
생명체
생명체
생명체
이것도
생명체
이것조차도
생명체
생명체
이런, 이것은
생명체 아님
생명체는 매우 다양한
모습으로 존재해요!
생명체
생명체

유전자(DNA)

작은 박테리아부터 민들레와 거대한 고래까지, 지구에는 무려 900만 종이 넘는 다양한 생명체들이 함께 살고 있어요. 그런데 왜 우리는 소나무가 아닌 사람으로 태어났을까요? 그 비밀은 바로 우리 몸속에 숨겨져 있는 특별한 설계도인 데옥시리보핵산, 즉 DNA 덕분이에요! 모든 생명체는 고유한 DNA를 가지고 있고, 이 DNA는 우리가 어떻게 자라고, 어떤 모습으로 살아갈지, 심지어 앞으로 태어날 우리 아이가 어떤 모습을 할지도 결정해요.

DNA는 마치 이중 나선형 사다리처럼 생겼어요.
이 신기한 구조는 로잘린드 프랭클린이라는 과학자 덕분에 알게 되었어요.
1950년대 초, 프랭클린은 DNA 분자를 결정화하여 사진을 찍을 수 있는 새로운 방법을 알아냈고, 이 방법으로 사진을 찍어서 그 모습을 처음으로 공개했어요.
마치 탐험가가 새로운 땅을 발견한 것처럼 프랭클린의 발견은 최초의 DNA 분자 모델을 구축하는 데 필요한 돌파구가 되었어요.

보너스!

우리 인간에게는 '게놈'이라고 하는 완전한 DNA 지침서가 있는데, 이 게놈은 30억 개 이상의 뉴클레오티드 염기쌍으로 구성되어 있어요.

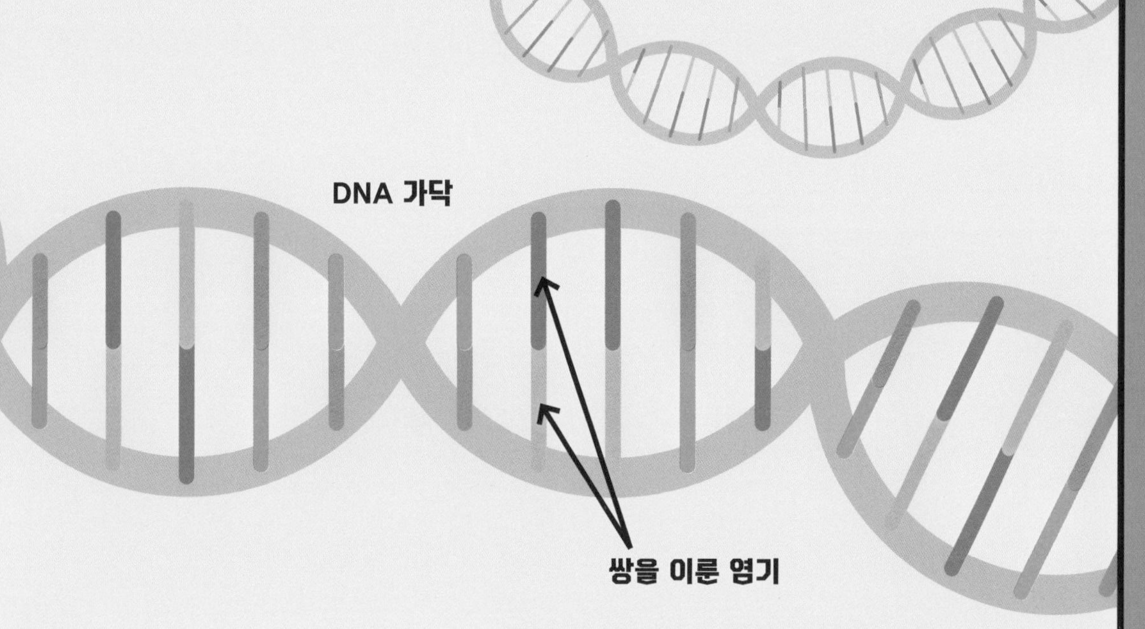

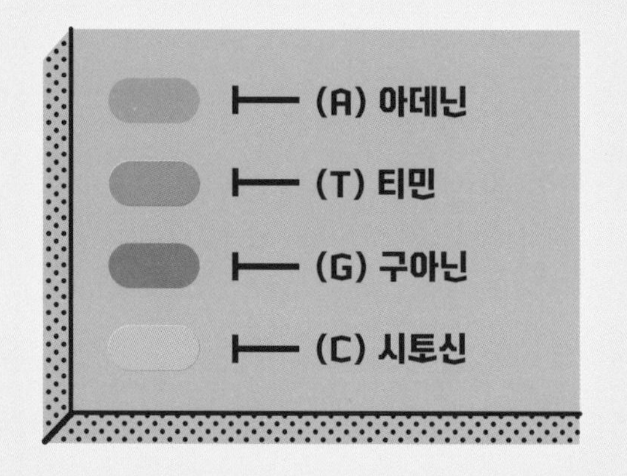

DNA 사다리는 뉴클레오티드 염기라고 불리는 아데닌(A), 티민(T), 구아닌(G), 시토신(C)이라는 네 개의 더 작은 조각으로 구성되어 있어요. 이러한 뉴클레오티드는 서로 짝을 이루어 이중 나선을 만들어요.

DNA는 우리 몸의 사용 설명서와 같아요. 컴퓨터 코드가 컴퓨터에 어떤 일을 하라고 지시하듯 DNA는 세포에 어떤 단백질을 만들라고 지시해요. 이 단백질들이 모여서 '우리'를 만드는 거예요. 더 자세한 내용은 60페이지를 참고하세요.

우리 몸의 설계도인 DNA는 어디에 숨어 있을까요? 바로 세포 안에 있는 아주 작은 금고인 '핵' 속에 보관되어 있어요. 세포에 대해 더 알고 싶다면 다음 페이지를 펼쳐 보세요!

세포

세포는 생명체를 구성하는 기본 요소예요. 박테리아와 같은 일부 생명체는 단 하나의 세포로만 이루어져 있지만 우리 인간은 몸에 최대 36조 개의 세포를 가지고 있을 수 있어요! 모든 세포는 몇 가지 공통점을 있는데요. 대부분 물로 이루어진 '세포질'이라는 액체를 포함하고 있다는 것과 세포 내부의 구성물을 보호하는 '세포막'으로 둘러싸여 있다는 거예요.

식물 세포와 동물 세포는 서로 약간의 차이가 있지만, 그림에서 볼 수 있듯이 매우 비슷해요.

일반적인 세포 질량 중 약 99%는 수소, 산소, 탄소, 질소, 황, 인으로 구성되어 있어요. 나머지 1%는 칼슘, 철, 칼륨, 요오드, 나트륨, 아연 등의 미량 원소예요. 아주 작은 공간에 놀랍게도 아주 많은 물질이 밀집되어 있죠!

1. **세포막**은 세포의 내부와 외부를 분리해요. 지질로 구성되어 있어요(60페이지 참조).
2. **세포벽**은 식물에서만 발견돼요. 세포를 단단하게 유지하는 역할을 하죠.
3. **핵**은 세포의 통제 센터에요. 대부분의 DNA가 저장되어 있는 곳이에요.
4. **세포질**은 세포를 채우는 젤 같은 액체로, 세포의 대부분의 물체는 젤리 속의 과일처럼 세포질에 떠 있어요.
5. **미토콘드리아**는 포도당이라는 당을 분해하여 에너지를 생성해요(52페이지 참조).
6. **소포체**는 리보솜을 보호하며, 리보솜은 단백질을 만들어 내요(60페이지 참조).
7. **리보솜**은 핵의 DNA에서 복사된 코드화된 지침(mRNA)을 읽고, 이를 따라 신체의 단백질을 만들어요.
8. **엽록체**는 식물에서 광합성이 일어나는 곳이에요(50페이지 참조).
9. **골지체**는 단백질과 지질을 포장하여 운송해요.
10. **액포**는 과잉 수분과 노폐물을 저장하는 세포질이 없는 공간을 말해요.
11. **중심체**는 주로 동물 세포에서만 발견되는데, 세포의 구조를 조직하는 데 도움을 줘요.
12. **리소좀**은 동물 세포에서만 발견되며, 단백질, 탄수화물, 지질을 분해하거나 소화하는 역할을 해요. 또한 바이러스와 침입한 박테리아도 소화해요.

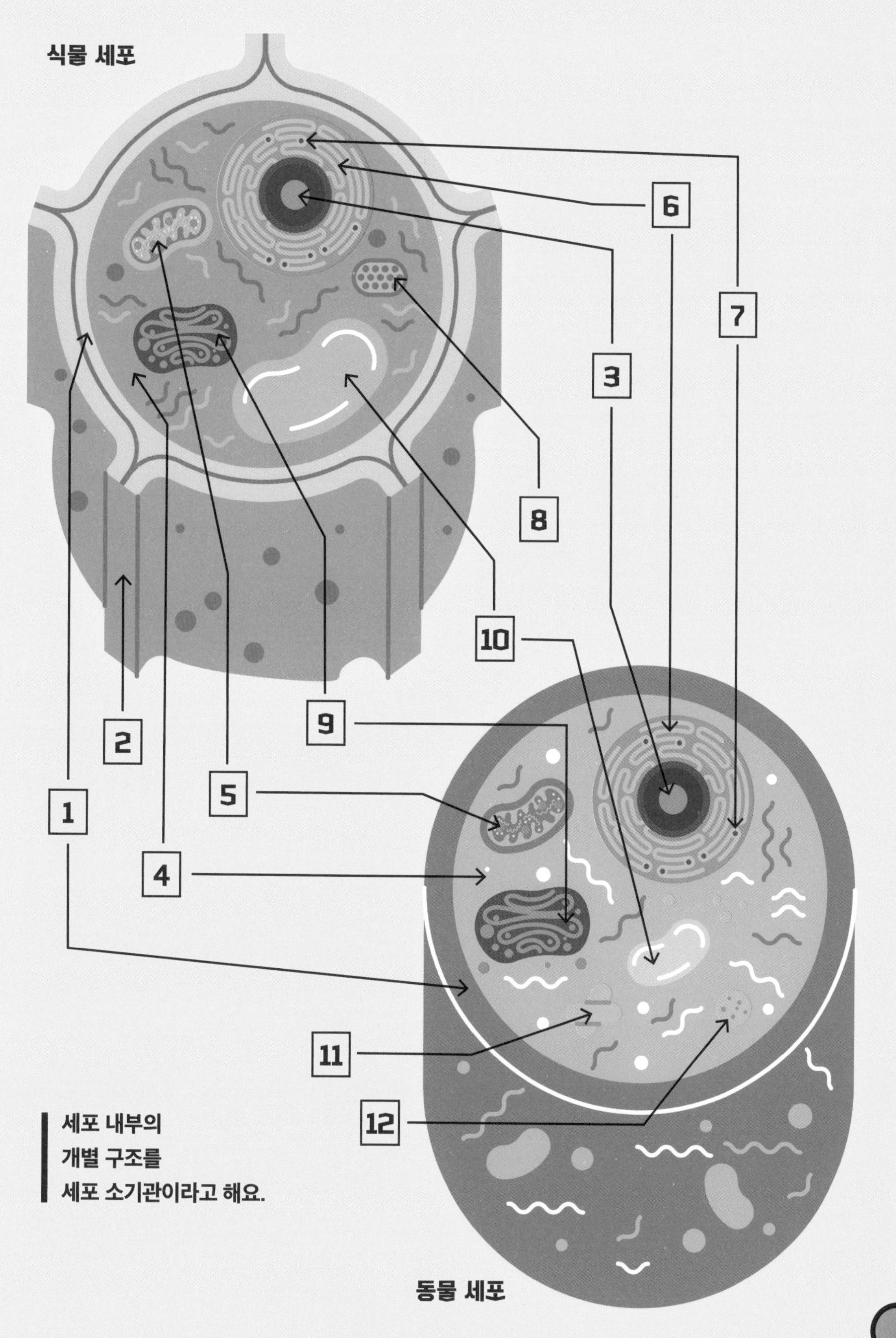

세포 내부의
개별 구조를
세포 소기관이라고 해요.

엽록체

엽록체는 놀라운 기관이에요. 이유가 궁금하죠? 바로 지구상의 거의 모든 생명체가 엽록체에 의존해 스스로 양분을 만들거나 엽록체가 만든 양분을 먹기 때문이에요. 엽록체가 무엇인지 기억하나요? 앞에서 살펴본 것처럼 엽록체는 식물 세포 내의 세포 소기관을 말해요.

엽록체는 태양 에너지를 이용하여 이산화탄소와 물을 포도당과 산소로 바꾸는 중요한 역할을 해요. 이 과정을 '광합성'이라고 하는데, 식물은 광합성을 통해 스스로 양분을 만들고 남는 포도당을 저장하여 필요할 때 사용하죠.

일부 과학자들은 엽록체가 원래 단세포 미생물이었다가 결국 식물과 같은 더 큰 생명체의 일부가 되었다고 생각하기도 해요. 전자현미경을 이용하면 우리도 세포 속의 엽록체를 볼 수 있어요. 엽록체는 원형이나 타원형의 구조를 이루고 있어요. 세포막은 외막과 내막의 이중막으로 되어 있는데 내막 안쪽에 빛을 흡수할 수 있는 색소를 가지고 있어서 광합성을 할 수 있는 거예요. 이외에도 엽록체에는 광합성에 필요한 여러 효소들도 있어요.

광합성은 식물이 태양 빛을 이용하여 공기 중의 이산화탄소와 물을 먹이(포도당)로 바꾸는 놀라운 과정이에요. 식물의 잎이 녹색으로 보이는 것은 바로 엽록체 안에 있는 '엽록소'라는 녹색 색소 때문이에요. 오른쪽 확대된 사진은 이끼 세포이고, 안에 작은 녹색 점으로 보이는 것이 엽록체예요.

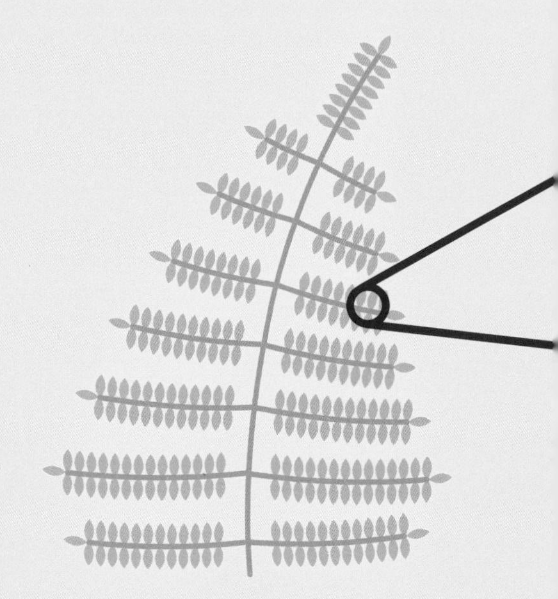

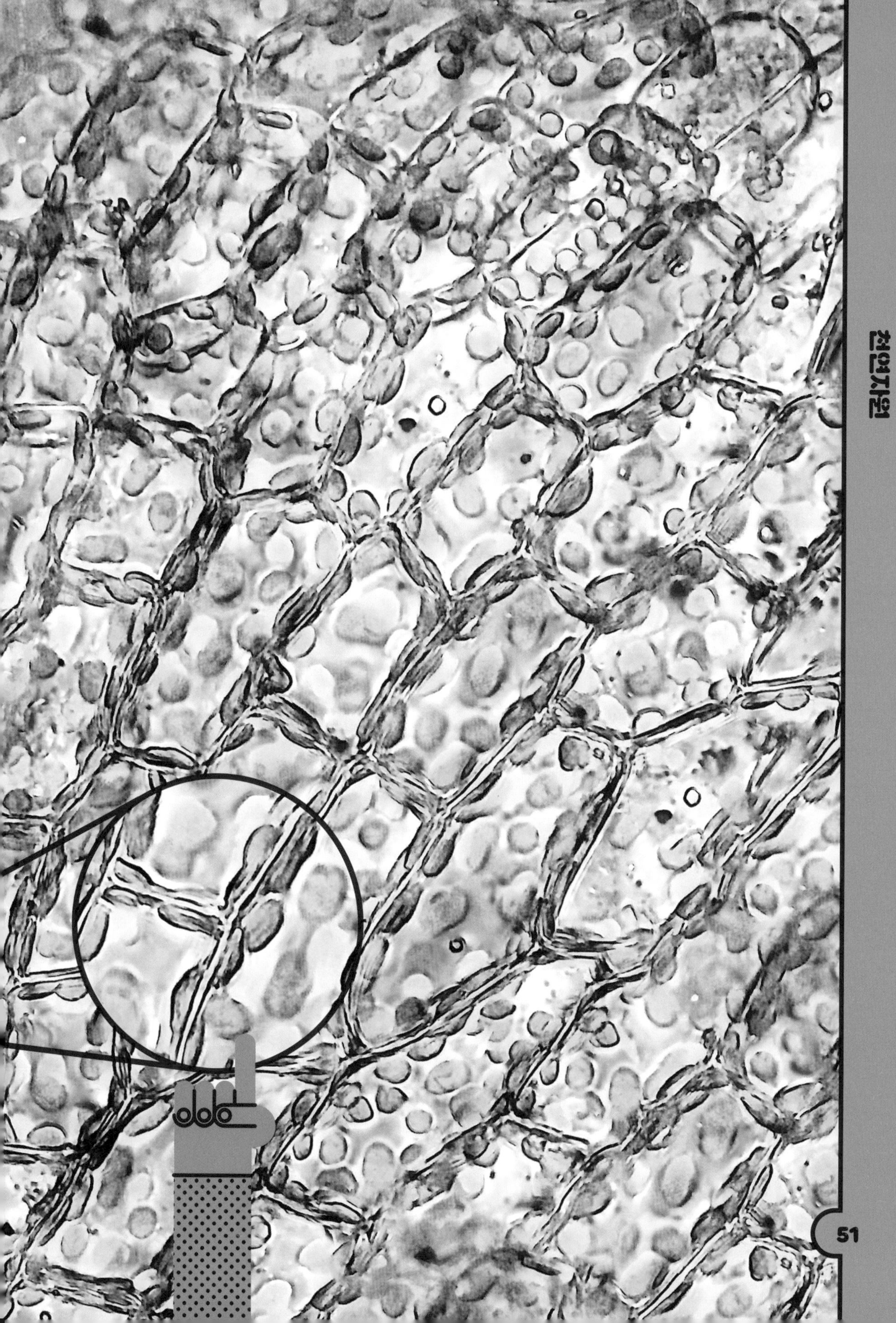

미토콘드리아

또 다른 멋진 세포 소기관이 '미토콘드리아'예요. 미토콘드리아도 엽록체처럼 과거에는 독립적인 생물체였을 가능성이 높아요. 흥미롭죠? 미토콘드리아는 심지어 독자적인 DNA도 가지고 있어요!

엽록체는 태양 에너지를 이용하여 공기 중의 이산화탄소와 물을 포도당이라는 영양분으로 바꾸는 역할을 한다고 했죠? 미토콘드리아는 이렇게 만들어진 포도당을 분해하여 세포가 사용할 수 있는 에너지를 생산해요. 마치 엽록체가 태양 에너지를 포도당이라는 배터리에 저장하고, 미토콘드리아가 이 배터리를 사용하여 세포에 전기를 공급하는 것과 같아요.

동물 세포

보너스!

세포의 중심인 핵에는 부모 모두에게 물려받은 각각의 DNA 세트가 담겨 있어요. 하지만 세포 내 에너지 공장인 미토콘드리아에는 어머니에게서만 유전된 단 하나의 DNA 세트만 있어요.

식물 세포와 동물 세포에
모두 존재하는 소시지 모양의 미토콘드리아는
세포의 발전소 역할을 해요.

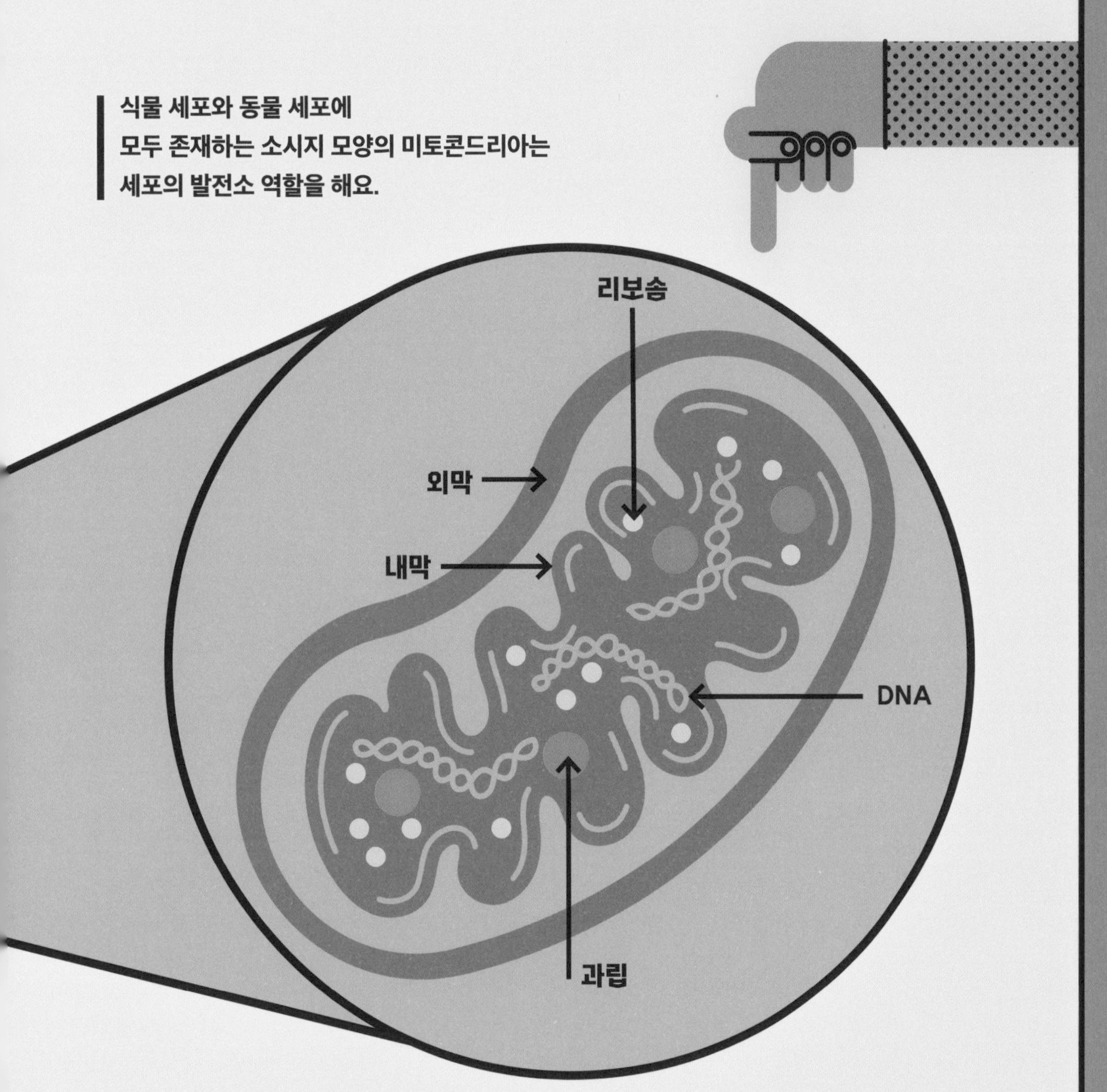

세포 안에 존재하는 미토콘드리아의 수는 세포의 종류와 하는 일에 따라 달라져요. 에너지를 많이 사용하는 근육 세포에는 수천 개의 많은 미토콘드리아가 있지만, 에너지를 사용하지 않고 폐에서 신체의 다른 세포로 산소를 운반하는 적혈구에는 미토콘드리아가 전혀 없어요. 그리고 뇌세포는 많은 에너지가 필요하기 때문에 다른 세포보다 훨씬 많은 100만 개 이상의 미토콘드리아가 있을 것으로 추정되고 있어요.

미생물

우리 인간은 자신을 지구상에서 가장 중요한 생명체라고 생각하지만, 사실 미생물의 도움이 없다면 우리의 삶은 바로 멈춰 버릴 거예요! 미생물은 박테리아, 원생생물, 효모, 곰팡이, 바이러스 등을 말해요. 너무 작아서 맨눈으로 관찰하기 어렵고 현미경으로만 볼 수 있기 때문에 '미생물'이라고 불렸죠.

효모
(빵 굽기에 사용되는 균류)

락토코커스
(치즈 제조에 사용)

작은 유기체인 미생물들은 극지의 얼음 덮개, 온천, 심지어 심해의 화산 분출구 등 지구상의 거의 모든 곳에서 아주 중요한 역할을 해요.

과학자들은 미생물의 군집을 '마이크로바이옴(인체 내 미생물 생태계)'이라고 부르는데, 공기, 물, 흙, 심지어 우리 자신을 포함한 다른 생명체에서도 발견할 수 있어요!

비피도박테리움
(장 바이러스로부터 보호하는 데 도움이 됨)

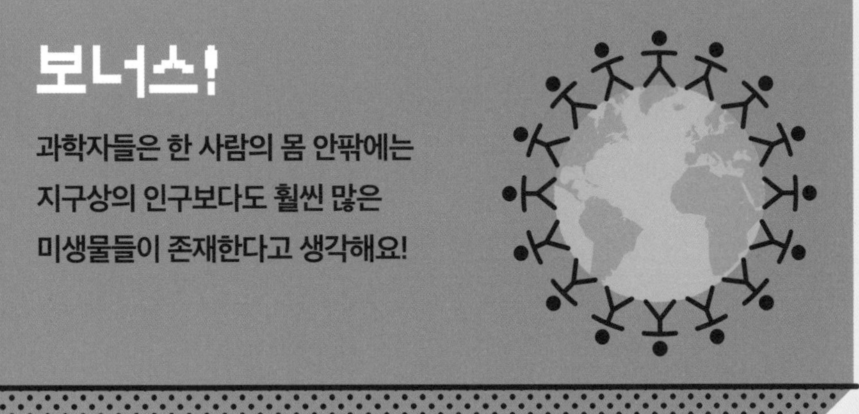

보너스!

과학자들은 한 사람의 몸 안팎에는
지구상의 인구보다도 훨씬 많은
미생물들이 존재한다고 생각해요!

토양 속의 미생물은 유기물을 분해하고 영양분을 재활용하여 식물이 사용할 수 있도록 도와줘요. 또한 인간이 음식을 먹고 소화하는 과정에서 얻는 에너지의 양을 조절하는 데도 미생물이 도움을 주죠. 그리고 피부에 사는 미생물은 유해한 세균으로부터 감염을 막는 데 도움을 주기도 해요. 우리 몸 안팎에는 수조 개의 미생물이 살고 있으며, 이 미생물은 우리 인간 세포의 수와 맞먹을 정도로 많아요.

락토바실러스 비피더스 →
(또 다른 좋은 장내 박테리아)

원생생물 식물성 플랑크톤
(많은 해양 동물의 먹이)
↓

STUF

인간이 만들고 사용하는 것들

우리 인간은 발견한 것만 사용하지는 않아요.
발견한 것을 더 유용하게 만들기 위해 변형도 하죠.
예를 들어 우리는 작물을 재배해서 요리하고, 가공해요. 또 따뜻하고
안전하게 지내기 위해 옷과 집도 만들죠. 자신과 주변 환경을 깨끗하게
유지하는 방법도 찾아내요. 우리는 병든 사람들을 치료하기 위해
약과 치료법을 계속해서 개발하고 있어요. 그리고 더 빠르고 효율적으로
일하는 방법을 찾고, 여가 시간에 즐길 수 있는 다양한 것들도
만들어 내죠.

이번 장에서는 인류의 건강과 행복을 위해 탄생한
놀라운 발명품들을 알아볼 거예요. 그 발명품들이 어떻게
우리의 삶을 변화시켰는지 함께 살펴보도록 해요.

경이로운

우리가 매일 먹는 음식이 어디에서 오는지 아나요?
슈퍼마켓에서 뚝딱 만들어지는 게 아니라는 것은 모두들 알고 있죠?
우리가 먹는 음식 중에 '자연산'이라고 표시된 것도 있지만 사실 대부분은 사람들의 손길을 거쳐서 만들어진 거예요.

우리가 매일 먹는 음식들은 대부분 농장에서 재배된 작물이나 사육된 가축을 가공해서 만들어져요. 인류는 지난 1만 2,000년 동안 농업을 통해 식물과 동물뿐만 아니라 심지어 미생물까지도 인간에게 유용한 형태로 바꿔 왔어요.

예를 들어 옥수수는 인간이 직접 만들어 낸 대표적인 작물이에요.
고대 멕시코 사람들은 '테오신테'라는 야생 볏과 식물을 재배하면서 그 씨앗을 선별하고 교배하는 과정을 통해 알이 크고 맛있는 옥수수를 만들어 냈어요.
오랜 시간에 걸쳐 테오신테는 오늘날 우리가 아는 옥수수로 변한 거죠.
오늘날 우리는 맛있는 옥수수뿐만 아니라 다양한 형태로
가공하여 만든 팝콘, 옥수숫가루, 옥수수빵
그리고 옥수수로 만든 가공식품들을 먹고 있어요.

우리는 식물의 다양한 부분들을 먹고 있어요.

씨앗
예: 땅콩, 완두콩

뿌리
예: 당근, 고구마

줄기
예: 셀러리, 아스파라거스

잎
예: 상추, 시금치

꽃
예: 꽃양배추, 브로콜리

열매
예: 호박, 토마토

영양소

건강을 유지하려면 다양한 음식을 골고루 먹어야 해요.
탄수화물, 단백질, 지질과 같이 우리가 성장하는 데 다량으로 필요한
다량 영양소는 에너지를 공급하고, 신체를 구성하는 중요한 성분이에요.
또 비타민과 미네랄 같이 소량만 있어도 충분한 미량 영양소는 생체 반응을
조절하는 데 필요한 성분이죠.
이 두 종류의 영양소를 모두 섭취해야 우리 몸은 건강하게 생활할 수 있어요.

단백질

단백질은 우리 몸을 구성하는 주요
성분으로 다양한 기능들을 수행하는
'아미노산'이라는 작은 단위로 이루어져
있어요.
이 아미노산은 근육, 뼈, 피부 등 신체
조직을 구성하고, 생체 조절에 도움이
되는 효소와 호르몬의 주성분으로
몸에서 물 다음으로 많은 양을 차지해요.
우리는 육류, 생선, 콩류 등 다양한
식품을 통해 단백질을 섭취할 수 있어요.

지질

지질에는 지방, 기름, 콜레스테롤이
포함되어 있어요. 지질은 우리 몸의
세포가 제대로 기능하도록 유지하는 데
필요해요. 그리고 특정 중요한 비타민을
사용하는 데도 도움을 줘요. 우리 몸은
지질에 있는 지방을 분해해서 에너지를
만들 수도 있어요.

탄수화물

탄수화물은 우리 몸에 필요한 에너지를 만들어 주는 주요 연료예요.
탄수화물은 세포가 에너지로 사용하는 포도당을 만들어요(52페이지 참조).
단순 탄수화물은 과일과 우유에 들어 있는 '천연 당'과 사탕에 들어 있는 '가공 당'을 모두 포함해요.
단순 탄수화물을 섭취하면 우리 몸속에 에너지가 빠르게 늘어나요.
빵, 시리얼, 감자 그리고 과일과 채소에 들어 있는 녹말과 섬유질을 우리는 복합 탄수화물이라고 해요.
녹말은 단당류보다 소화하는 데 시간이 더 걸리므로 몸에 장기적인 에너지원을 제공해요.

비타민과 미네랄

비타민과 미네랄, 예를 들어 비타민A, 비타민C, 비타민D, 철분, 칼슘은 신체가 원활하게 활동하는 데 필요한 소량만 있어도 충분한 '미량 영양소'예요.
비타민과 미네랄 모두 상처를 치유하거나 면역 기능, 골격 강화 등의 역할을 해요.
이 영양소들은 세포가 다른 식품군에서 영양분을 얻을 수 있도록 신체 대사를 조절하죠.
균형 잡힌 식단을 통해 다양한 비타민과 미네랄을 섭취하는 것은 건강 유지를 위해서 꼭 필요해요.

음식과 불

과거에는 음식을 날로 먹기도 했지만, 요즘에는 주로 익혀서 먹죠. 사과나 당근처럼 생으로 먹는 음식도 있지만 우리는 대부분 음식을 익혀서 먹어요.

불은 우리 조상들에게 따뜻함과 안전을 주었을 뿐만 아니라, 우리가 음식을 익혀 먹을 수 있도록 했죠. 요리는 100만 년에서 200만 년 전부터 시작된 것 같아요.
우리는 고기를 익혀 먹으면서 소화도 더 잘 되었고, 병에 걸릴 염려도 많이 줄어들었죠. 불은 살균 효과뿐 아니라 영양가를 높여주는 효과도 있었기 때문에 인류는 불 덕분에 더 건강하게 살 수 있게 되었어요.

음식을 요리해서 먹으면서 더 많은 영양분을 섭취할 수 있도록 인간의 뇌가 커졌다고 생각하는 과학자들도 있어요. 음식을 요리하면 소화가 더 잘 되고 영양 흡수도 더 많이 할 수 있어서 신체는 더 많은 에너지를 뇌로 공급할 수 있다는 거죠.
따라서 요리는 음식의 맛을 더 좋게 만들었을 뿐만 아니라 창의적으로 사고하는 인류로 진화하는 데도 도움을 주었을 수 있어요!

보너스!

통곡물은 영양소와 에너지가 풍부해서 요리를 하면 배출에 도움을 줘요. 특히 통곡물에는 인체가 소화할 수 없는 복합 탄수화물인 섬유질이 있는데, 이 섬유질은 소화되지 않고 직접 장으로 내려가 배변 활동에 도움을 줘요.

이 베트남 요리사는 식당의 손님들을 위해 생선을 찌고 있어요.

오븐

요즘에는 집에서 요리하는 것이 쉬워졌죠. 버튼 하나로 불을 켜고, 찬장에서 냄비를 꺼내 간편하게 요리할 수 있어요. 하지만 초기 인류에게는 불을 얻고, 요리 도구를 만드는 것 자체가 큰 도전이었어요.

우리 조상들은 아마 불에 직접 음식을 익혀 먹었을 거예요.
그러다가 약 3만 년 전 땅에 구덩이를 파고 돌을 쌓아 만든 화덕을 이용해서 음식을 요리하기 시작했어요. 요리할 준비가 되면, 뜨거운 숯을 불에서 꺼내 돌 위에 놓고, 젖은 잎사귀에 싸인 음식을 그 위에 올리는 거죠. 그런 다음 구덩이를 흙으로 덮어 가둔 열기로 음식을 익히는 방식이에요.

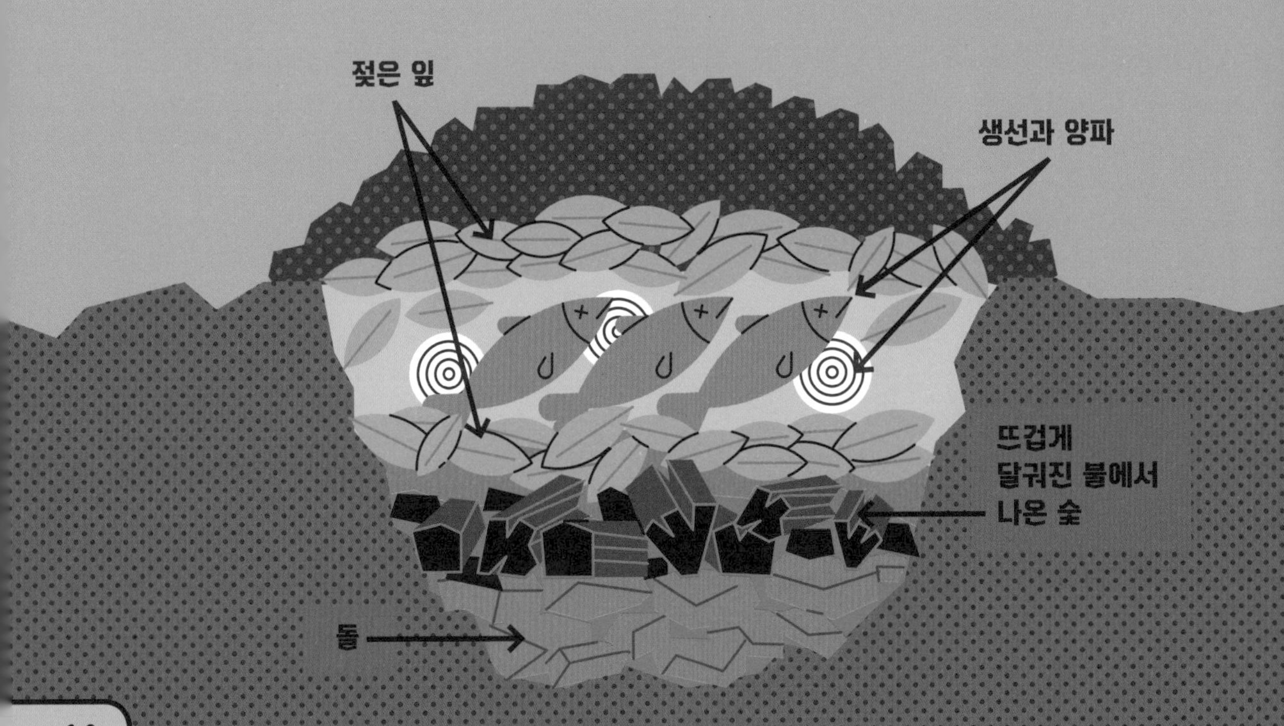

냄비와 팬

음식을 끓는 물에 넣는 것도 새로운 요리 방법이었어요.
여기서 중요한 것은 음식을 끓이려면 물을 담을 수 있고, 불에 타지 않는 그릇이 필요하다는 거예요. 결국 도자기가 이 문제를 완벽하게 해결해 주었죠.
도자기를 발명한 문화권에서는 다양한 끓임 요리가 발달했어요.

초기 인류는 열에 강한 그릇을 만들 기술이 없었기 때문에 뜨거운 돌을 이용했어요.
돌을 뜨겁게 달궈서 음식 재료와 함께 물통에 집어넣는 방식으로 요리를 한 거죠.
돌이 식으면 새로운 뜨거운 돌을 다시 물통에 집어넣었어요.
이러한 방식은 나무로 만든 그릇이나 심지어 방수 바구니도 사용할 수 있었어요.

일부 아메리카 원주민 문화권에서 뜨거운 돌을 이용해 음식을 요리할 때 이와 비슷하게 생긴 방수용 바구니를 사용했어요.

음식 보존

음식을 재배하고 요리하는 것은 좋은 일이죠. 하지만 날씨 때문에 신선한 음식을 구할 수 없다면 어떻게 해야 할까요? 인간은 음식을 오래 보관하기 위해 꽤 기발하고 멋진 방법을 발명했어요.

소금물

물에 소금을 섞은 소금물은 그대로 사용하기도 하지만 식초와 섞어 채소를 절이는 데 사용할 수 있어요. 소금물에 채소를 담가두면 유해한 세균이 번식하지 못해서 음식이 쉽게 상하지 않아요. 소금물을 이용하면 유용한 미생물이 천연 설탕을 산으로 전환할 때 맛있는 발효 음식도 만들 수 있어요.

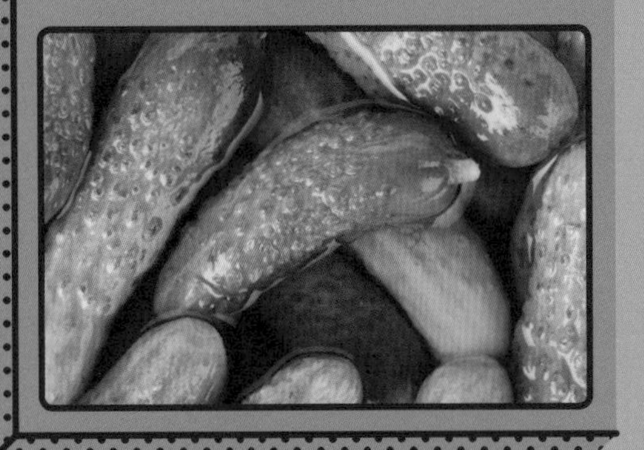

캔과 병

요즘 우리는 흔히 음식을 용기에 밀봉하여 보존하지만, 이 방법은 1800년대 초에야 발명되었어요. 음식을 병이나 통조림에 넣고 끓는 물에 가열하면 병에 걸리거나 음식을 상하게 할 수 있는 위험한 미생물을 죽일 수 있어요. 또한 음식을 넣은 용기에 열을 가한 후에 밀봉하면 산소가 차단되어 세균이 살 수 없기 때문에 음식을 오랫동안 상하지 않게 보관할 수 있어요.

건조기

신선한 음식은 시간이 지나면 박테리아와 곰팡이가 자라기 때문에 음식이 상하게 되죠. 이 문제를 간단하게 해결하는 방법이 음식을 건조하는 거예요. 음식을 건조하면 물기가 없어져서 박테리아나 곰팡이가 살 수 없게 되죠. 따라서 음식을 건조하면 더 오래 보관할 수 있어요.
이 방법은 고기, 채소, 과일(건포도)에 많이 사용돼요. 예전에는 햇볕에만 말렸지만, 요즘에는 건조기를 사용해서 더 간편하게 음식을 말릴 수 있어요.

훈제

고기나 생선을 훈제하면 오랫동안 보관할 수 있어요. 아마 불에 고기를 구우면서 우연히 발견한 방법일 거예요. 훈연실에서 몇 시간 동안 음식을 연기로 찌면 훈연의 효과가 확실해져요.
훈연 과정에서 음식은 부분적으로 건조되고, 동시에 박테리아나 곰팡이의 성장을 억제하는 화학 물질이 생성되어 식품의 보존 기간을 늘려 주게 되죠.
또한 훈연 과정에서 발생하는 연기는 식품에 스며들어 훈연 과정을 거친 음식은 독특한 풍미를 더해서 많은 사람이 좋아해요.

냉장

미생물에 대해 잘 몰랐던 옛날에도 사람들은 음식을 시원한 곳에 보관하면 덜 상한다는 것을 알고 있었어요. 예를 들어 채소는 땅속 저장고에 넣어두었고, 1800년대에는 우유나 달걀을 아이스박스(실제로는 얼음이 들어 있는 단열 상자)에 보관했어요.

하지만 냉장 보관이 비약적인 발전을 이룬 것은 19세기 중반부터예요. 냉장, 냉동 시설을 발명한 프랑스인 페르디낭 카레, 샤를 텔리에, 미국인 클라렌스 버즈아이 덕분이죠.
식품을 보존하는 냉각 온도는 효소와 박테리아의 활동이 둔화되어 음식의 변질을 멈추게 하는 온도인 영하 8~10℃예요. 온도가 내려갈수록 보존기간은 길어져요.

현대에 사용하는 냉장고와 냉동고는 냉매라는 물질을 사용해요. 이 특수한 물질은 냉장고 내부의 열을 흡수하여 외부 공간으로 방출한 다음 다시 더 많은 열을 흡수해요. 이 과정을 통해 냉장고 내부는 외부보다 훨씬 더 차갑게 유지되는 거예요.

보너스!

**음식이나 백신처럼 온도에 민감한 물건을 싱싱하게 유지하기 위해서 생산부터 소비까지 냉장, 냉동 상태로 유지하는 시스템을 '콜드 체인'이라고 해요. 냉장고, 냉동 창고, 냉장차 등이 여기에 속하죠.
콜드 체인이 중단없이 이어지려면 소비자도 냉동제품 구입 시 보냉백에 넣어 운반하고 바로 냉동실에 보관하는 등 콜드체인을 유지해야 해요.**

냉장고가 없던 시절에도 일부 사람들은 큰 얼음덩어리를 이용해서 음식을 시원하게 보관하는 아이스박스를 가질 수 있었어요. 겨울에 얼어붙은 호수와 연못에서 얼음을 잘라내어 짚이나 톱밥으로 덮어 놓고 차갑게 유지했다가 여름이 오면 벽돌 모양으로 잘라내어 가정으로 배달한 거죠.

진화하는

불의 가치를 깨달으면서 사람들은 난방과 조리에 불을 활용하기 시작했어요. 불을 계속 지피기 위해 다양한 연료를 실험해 봤죠. 초기에는 주변에서 쉽게 구할 수 있는 나무, 풀 등의 식물성 연료에서부터 말린 동물의 배설물까지 연료로 사용했어요.

화석 연료

약 3,500년 전부터 사람들은 나무나 풀 대신 석탄이나 석유, 천연가스 등 더 잘 타는 천연 물질을 찾아냈어요. 바로 주요한 화석 연료를 찾아낸 거죠. 오늘날 대부분의 가정이나 사무실, 공장에서는 화석 연료를 직접 사용하거나 화석 연료를 태워서 얻은 전기로 난방을 하거나 전력으로 사용해요.

화석 연료라는 용어에는 '화석'이라는 단어가 있는데요. 이것은 고생물의 유해가 퇴적물에 매장된 지질학적 과정 때문이에요. 일부 사람들이 생각하는 것처럼 고생물이 반드시 공룡은 아니에요. 시간이 지나면서 고생물의 유기물이 퇴적암 속에 묻히고, 높은 온도와 압력을 받으면서 탄화수소 화합물로 변화한 거예요. 이러한 과정을 통해 오늘날 우리가 사용하는 석탄, 석유, 천연가스와 같은 화석 연료가 만들어지는 거죠.

화석 연료는 현대 문명을 가져온 에너지를 제공해 준 중요한 연료예요. 하지만 너무 많이 사용하면 심각한 환경 문제를 일으켜요. 화석 연료를 태우는 과정에서 지하에 갇혀 있던 탄소가 대기 중으로 흘러들어가는 이산화탄소로 변해 심각한 기후 변화를 일으키고, 지구 온난화도 빨라지게 하죠. 또한 대부분의 화석 연료는 수백만 년 전에 만들어졌고 지금은 거의 만들어지지 않기 때문에 결국 고갈될 거예요.

오늘날 사용하는 석탄은 대부분 3억 년 전 광대한 습지에서 자랐던 나무와 큰 식물들이 땅속에 묻혀서 만들어진 거예요.

대체 에너지

과학자들은 환경 문제를 일으키는 화석 연료를 다른 것으로 대체하기 위해서 노력하고 있어요. 그리고 대기를 오염시키지 않고도 전력을 공급할 수 있는 대체 에너지 시스템을 개발하고 있죠.

풍력과 수력

예전에는 물이 아래로 흐르는 힘이나 바람이 부는 힘을 이용한 방앗간이나 공장이 있었어요. 하지만 지금은 이런 힘을 이용해 전기를 만들어 사용하죠. 물이 높은 곳에서 낮은 곳으로 떨어지면서 만들어지는 힘으로 전기를 만드는 곳을 '수력 발전소'라고 해요. 그리고 바람개비처럼 생긴 풍력 터빈(18페이지 참조)은 바람이 부는 힘으로 돌아가면서 전기를 만들어요.

영국의 수력 발전 댐은 흐르는 물에서 에너지를 뽑아내요.

중국에 있는 산에는 사진처럼 많은 태양 전지판이 햇빛을 전기로 바꾸고 있어요.

태양열

과학적 발견을 바로 이용할 수 없는 경우도 있어요. 예를 들어 '태양광 효과'의 경우, 빛 에너지를 이용해서 전기를 만드는 것은 1800년대에 알아냈어요. 하지만 처음에는 태양 전지가 전기를 많이 만들지 못해서 별로 쓸모가 없었어요. 과학자들이 열심히 연구한 덕분에 이제야 태양 전지로 전기를 많이 만들어 쓸 수 있게 된 거죠.

알코올

우리는 알코올을 흔히 마시는 술로만 생각하는데, 사실 알코올은 다른 용도로도 사용해요. 대표적인 용도가 알코올이 재생 연료라는 거예요. 순수 알코올은 사탕수수, 옥수수나 특정한 풀을 포함한 식물에서 만드는데, 이를 '에탄올'이라고 해요. 이 작물들은 계속 재배할 수 있기 때문에 에탄올은 화석 연료처럼 고갈될 걱정이 없어요. 에탄올은 탄소가 풍부한 식물에서 만들어지기 때문에 이 식물을 태우면 이산화탄소가 배출돼요. 하지만 이 식물이 자랄 때는 광합성 작용을 위해 공기 중에서 이산화탄소를 제거하기 때문에 결국 전반적으로 알코올 연료는 화석 연료보다 이산화탄소를 덜 배출하게 되는 거죠.

에탄올을 만들기 위해 수확되는 브라질의 사탕수수

스페인에서는 수소를 이 버스처럼 이미 연료로 사용하고 있어요.

수소

재생 연료로 사용하는 가장 단순한 화학 원소가 '수소'예요. 수소 가스는 태양열과 풍력을 이용하여 물 분자를 분해해서 만들어 낼 수 있기 때문에 무엇보다 깨끗한 에너지원이에요. 그러나 큰 단점이 하나 있는데, 바로 수소는 폭발 위험이 높다는 거죠. 따라서 수소를 안전한 에너지원으로 사용하기 위해서는 많은 기술적 과제를 먼저 해결해야 해요.
수소는 잘만 다루면 건물 난방이나 공장 가동, 차량 연료 등을 천연가스처럼 사용할 수 있어요. 태양열이나 풍력으로 만들어 낸 수소는 연소 시 이산화탄소를 배출하지 않기 때문에 '친환경' 연료라고 하죠. 수소는 태우면 물만 남기 때문에 아주 깨끗해요.

전기

우리가 연료를 사용하는 대표적인 용도가 전기를 만드는 거예요. 우리가 일상생활에서 자주 사용하는 TV, 냉장고, 세탁기와 같은 가전제품을 사용할 수 있는 것도 모두 바로 전기가 있기 때문이죠. 번개와 같은 정전기가 아니라 벽의 전선을 통해 흐르는 전류를 말하는 거예요.
전류는 세계에서 가장 놀라운 것 중 하나예요. 정전기와 마찬가지로 전자로 구성되어 있지만 정지해 있다가 갑자기 튀어 오르는 정전기와 달리, 전자는 전선을 통해 질서정연하게 흘러요.

오늘날 우리가 사용하는 전기는 대부분 발전기라는 장치를 통해서 발전소에서 만들어져요. 전기는 머리 위와 거리 아래를 가로지르는 전선 네트워크를 통해서 우리에게 도달하게 되죠.

발전기는 매우 흥미로운 장치예요. 발전기는 1831년 마이클 패러데이가 처음 발견한 '인덕션(전기 유도)'이라는 아이디어를 기반으로 작동해요. 인덕션은 자석이 전선을 지나가거나 전선이 자석을 지나갈 때 전선을 통해 전류가 흐르기 시작하는 원리를 이용한 거예요.

간단한 발전기는 강한 자기장 내부에서 회전하는 전선을 사용하여 전기를 만들어요. 전선이 자석을 계속 지나가는 한, 전자는 전선을 계속 흐르게 되죠. 작동 원리는 다음과 같아요.
터빈 1은 증기 또는 다른 에너지원에 의해 회전해요.
터빈은 샤프트 2를 회전시키고, 샤프트는 자석 4으로 둘러싸인 전선 코일 3을 회전시키죠.
전자는 코일을 통해 흐르고, 발전기에서 나와 우리의 장치 5에 전력을 공급해요.

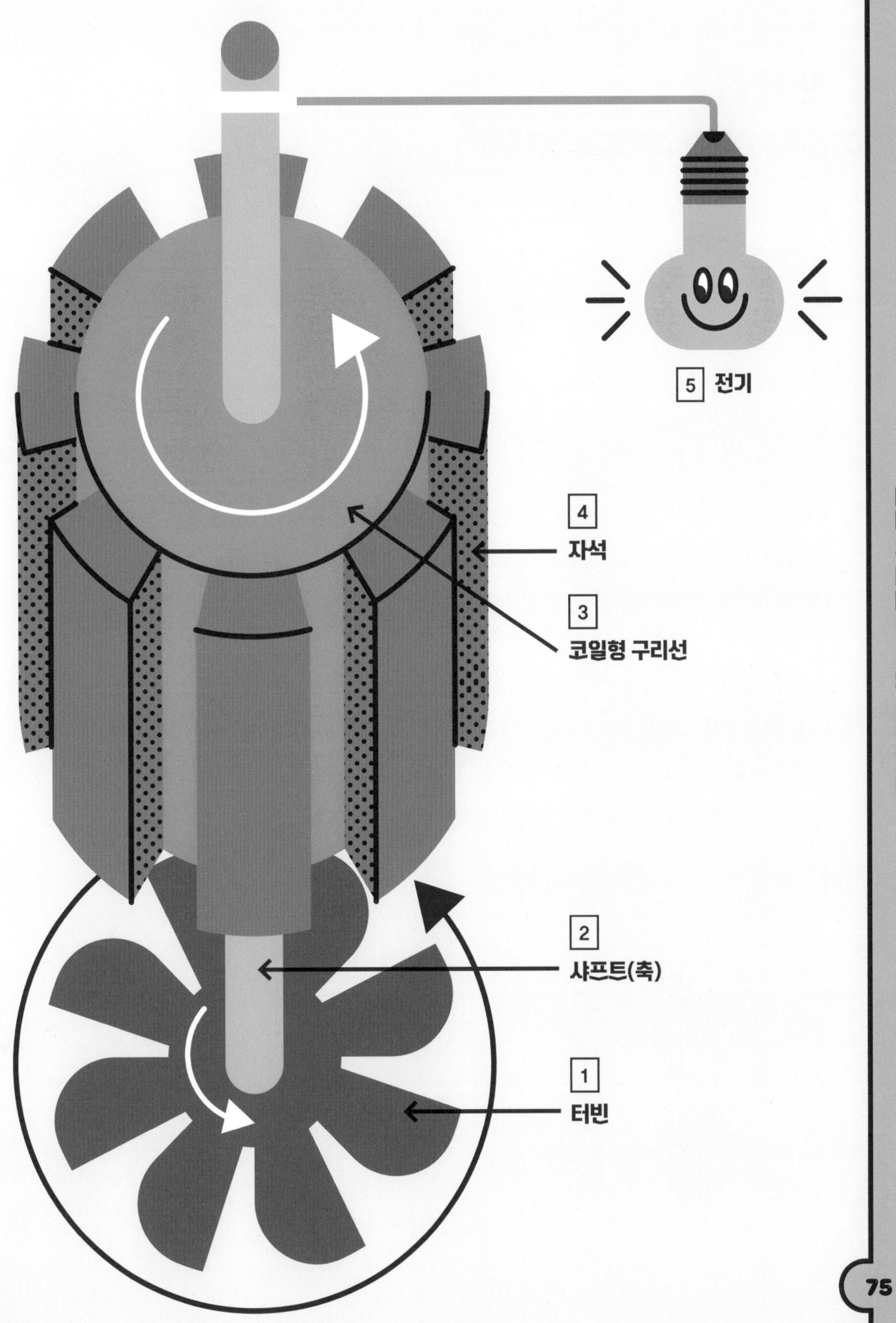
5 전기
4 자석
3 코일형 구리선
2 샤프트(축)
1 터빈

배터리

발전기가 발명되기 전부터 알레산드로 볼타라는 영리한 과학자가 화학 에너지로 전류를 만드는 방법을 발견했어요. 이 장치는 원래 '볼타 전지'라고 했지만, 오늘날에는 '배터리'라고 하죠.

이 배터리 안에는 두 개의 전극인 양극과 음극이 전해질이라는 액체 속에 떠 있어요. 전기는 배터리 음극(–)에서 나와 전선을 따라 배터리 양극(+)으로 흘러 다녀요.

배터리의 양쪽 끝을 전선으로 연결하면 전기가 흐르는 길이 만들어져요. 이 길을 '회로'라고 하는데, 전기는 이 회로를 따라 흐르면서 우리가 쓰는 전자 기기에 전기를 공급하게 되는 거죠.

초기 배터리는 아연과 구리 같은 금속에 산을 사용해 간단한 화학 반응을 일으켜 만들었어요. 하지만 지금은 리튬이나 철, 인산염, 망간, 코발트 같은 다양한 물질에 복잡한 화학 반응을 일으켜서 더 강력한 배터리를 만들고 있죠. 하지만 아무리 복잡하더라도 배터리가 작동하는 기본 원리는 200년 전이나 지금이나 거의 같아요.

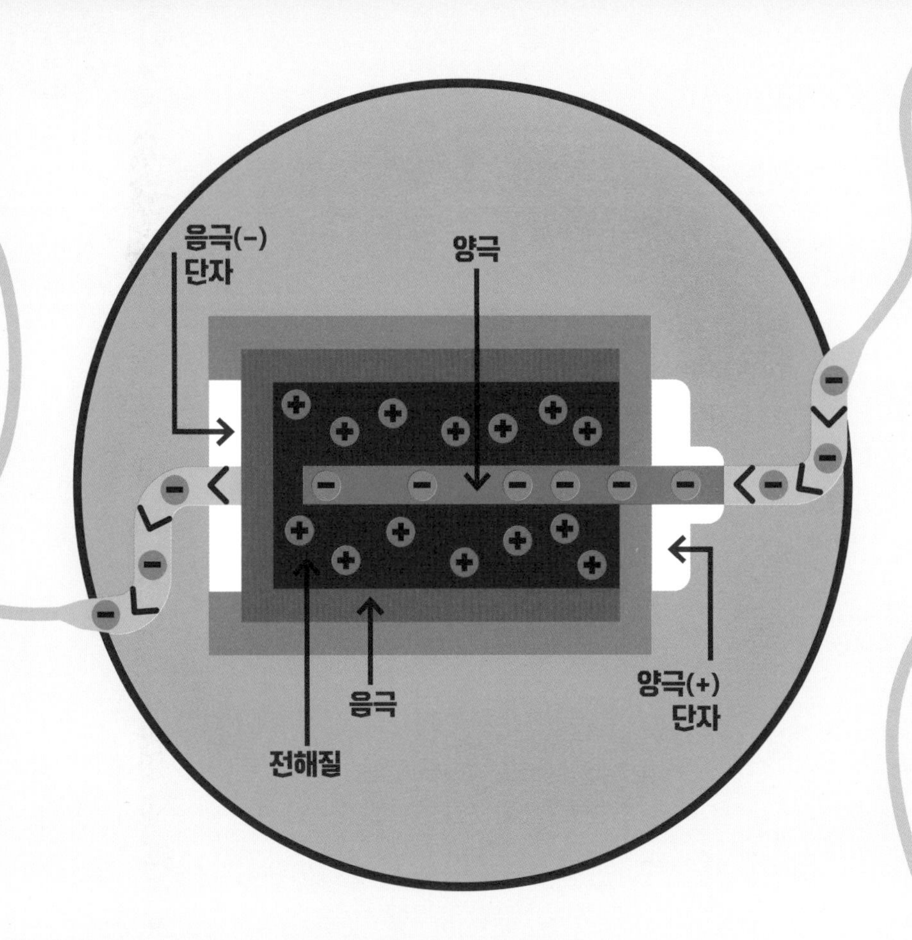

볼타의 천재적인 아이디어는 양극과 음극을 전해질로 분리하고,
그 사이에 이온이 지나갈 수 있는 길을 만드는 거예요.
이 길을 통해 전기가 흐르면서 우리가 지금 사용하는 전자 기기에 전기를 공급해 주는 거죠. 전해질은 처음에는 액체를 사용했지만,
지금은 반죽 같은 화학 물질을 사용해요.

보너스!

배터리는 사용 가능한 모든 전자가 음극에서 양극으로 이동하면 다 '소모'되는 거예요. 충전식 배터리는 다른 전원을 사용하여 전자를 양극에서 음극으로 다시 밀어내어 전자가 다시 이동할 수 있도록 한 거예요.

우리를 보호하는

사람들은 다른 동물들과 달리 날씨나 위험한 환경에서 자신을 보호하기 위해 집을 짓고 살아요. 예를 들어 거북이는 등에 딱딱한 껍질을 가지고 다니고, 소라게는 집을 등에 지고 다니는 것과 같죠. 또 원숭이와 새는 위험하면 나무의 안전한 곳에 머물고, 두더지와 토끼는 지하 굴로 들어가죠. 일부 박쥐는 동굴에 숨어 살기도 해요.

과거에 우리 조상들은 박쥐처럼 동굴에서 살았어요. 200만 년 전 인류의 조상들이 자연 동굴에서 살았다는 사실은 과학적으로 밝혀졌죠. 자연 동굴 주거가 성행하기 시작한 것은 중기 구석기 시대예요. 주로 추위를 피하거나 바람과 비를 막거나 맹수의 습격으로부터 스스로를 방어하기 편리했기 때문이에요. 하지만 자연 동굴이 없는 곳도 많았어요.
그래서 사람들은 이동하면서 다른 형태의 주거지가 필요했죠.
인류는 발달한 뇌와 능숙한 손을 사용해 주변에서 나무나 돌을 주워 간단한 집을 지어 살기 시작했어요.

초기에는 사람들이 집을 오래 쓸 필요가 없었기 때문에 돌, 나뭇가지, 동물 가죽, 풀 같은 자연에서 구할 수 있는 것들로 간단하게 집을 지었어요.

건축 자재

사람들이 한곳에 모여 살면서 마을이 만들어졌어요. 그리고 더 좋은 집을 짓기 위해 새로운 재료를 사용했고, 집 모양도 일정한 형태를 갖추기 시작했죠!

벽돌

처음에는 돌로 집을 지었지만, 돌은 무거워서 다루기도 힘들고 또 구하기도 어려웠어요. 그래서 약 9,000년 전에 사람들은 흙을 뭉쳐 햇볕에 말린 벽돌을 만들어 사용하기 시작했어요. 하지만 건조한 지역에서는 이 흙벽돌이 유용했지만 비가 오면 무너지기 일쑤였죠. 그러다 약 5,000년 전 중국 사람들이 벽돌을 불에 구우면 훨씬 더 단단해진다는 사실을 알아냈어요. 바로 이 방법이 전 세계로 퍼져 오늘날까지 사용되고 있어요.

시멘트와 콘크리트

벽돌로 튼튼한 집을 짓기 위해서는 벽돌을 서로 붙이는 접착제 같은 것이 필요해요. 바로 여기서 시멘트가 등장해요.
4,500년 전 인도 건축업자들은 석고라는 돌가루를 사용했지만, 로마 사람들은 산화칼슘을 이용해 '석회'라는 더 강한 재료를 만들어 사용했어요.
그들은 또 여기에 시멘트와 모래를 섞어 콘크리트를 만들어서 보도를 닦거나 벽돌을 만들기도 했죠.

철과 강철

사람들은 옛날부터 금속을 도구나 무기를 만드는 데 사용해 왔어요. 나중에는 건물을 지을 때도 금속을 사용하기 시작했죠.
특히 1700년대 후반에는 철로 다리나 탑을 많이 지었는데, 철은 무겁고 녹이 슬기도 쉽다는 단점이 있었죠. 그래서 더 튼튼하고 가벼운 강철을 만들기 시작했어요.
강철은 철과 탄소를 섞어 만든 것으로, 탄소는 경화제 역할을 하기 때문에 격자 모양인 철의 결정체들이 서로 미끄러지는 것을 방지해 줘요.
이렇게 강철은 철보다 강하기 때문에 높은 건물이나 긴 다리를 지을 때 아주 유용한 재료예요.

폴리머

오늘날 건축 현장에서는 플라스틱, 수지, 폼 같은 새로운 재료들을 많이 사용해요. 모두 합성 폴리머에 속하는 재료들로 여러 가지 화학 물질을 섞어서 만들죠. 합성 폴리머는 가볍고 튼튼해서 건물을 짓는 데에도 유용해요.
특히 원하는 모양으로 구부리거나 액체 상태로 뿌려서 단단하게 굳힐 수도 있어서 건축가들이 다양한 디자인으로 건물을 지을 수 있게 해주는 거예요.

몸을 보호하는

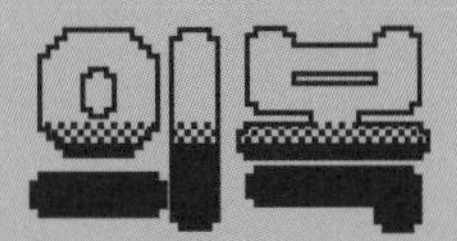

인간은 덥거나 추운 다양한 기후 지역에서 살 수 있어요. '옷'이 인간의 몸을 보호해 주기 때문이죠. 옛날 사람들은 동물 가죽을 꿰매서 옷을 만들어 입었어요. 옷이 오래되면 썩어 없어져서 어떤 옷을 입었는지 정확히 알 수는 없지만, 발견된 흔적들을 보면 동물 가죽에 구멍을 뚫고 실로 연결했던 것 같아요.

인간은 여전히 가죽 형태로 만든 옷을 입기도 하지만, 대부분 옷감으로 만든 옷을 입어요. 그런데 옛날 사람들은 어떻게 동물 가죽에서 옷감을 만들 생각을 했을까요?

초기 인류는 동물의 힘줄이나 인대, 식물 덩굴로 동물 가죽을 꿰매는 데 사용했어요. 가장 오래된 바늘의 크기와 모양을 살펴보면 고고학적으로 초기 '실'의 존재를 확인할 수 있어요. 약 5만 년 전부터는 천연 식물이나 동물의 털 같은 섬유를 꼬아 만든 실을 이용하여 직물을 제조하기 시작했어요. 결국 동물 가죽을 꿰매는 것 이외에 실을 매듭짓거나 뜨개질해서 엮은 천을 만들 수 있었던 거죠.

인류는 오랜 세월 동안 다양한 섬유를 개발하여 의복을 제작해 왔어요. 현대 의류에 사용되는 섬유는 크게 천연 섬유와 합성 섬유로 나눌 수 있어요. 천연 섬유는 면, 양모 등 농작물이나 동물에서 얻는 섬유를 말하고, 합성 섬유는 나일론, 폴리에스터 등 화학적 합성 과정을 통해 생산되는 섬유를 말해요.

요즘에는 기계로 옷감을 만드는 공장이 많지만, 여전히 사람들은 손으로 직접 실을 만들어 옷을 만들기도 해요.

최초의 직물

우리가 입는 옷감은 수천 년 전 자연에서 시작했어요. 옛날 멕시코 사람들이 테오신테라는 풀을 길러 옥수수를 만들었듯이, 우리도 자연에서 나는 식물이나 동물을 이용해서 옷감을 만들어 왔죠.

수확한 아마(린넨을 만드는 데 사용되는 식물)를 들판에서 말리고 있어요.

린넨

린넨은 아마 식물의 섬유로 만들어져요. 이미 약 7,000년 전부터 고대 이집트인들은 아마를 짜기 시작했어요. 특별한 색상과 직조의 옷은 왕이나 귀족들만 입을 수 있었지만 거의 모든 사람이 아마로 짠 옷을 입었어요. 린넨은 관리하기 쉽고, 튼튼하고, 가벼워서 특히 여름에 입기 좋아요.

면

면은 우리 조상들이 자연에서 처음 발견한 식물의 섬유로 만든 옷감이에요. 약 7,000년 전쯤 페루나 멕시코에서 면으로 만들었던 옷 조각이 발견되었고, 약 4,500년 전에는 이집트부터 파키스탄까지 넓은 지역에서 면으로 옷을 만들어 입었어요.

면직물은 목화의 씨앗을 둘러싸고 있는 흰색의 솜털 같은 섬유로 만들어요.

양모를 만들기 위해서는 동물의 털을 깎고, 섬유를 모아 실로 만들어야 해요.

양모

양모는 사람들이 실로 짠 동물의 털이에요. 양, 알파카, 라마, 염소, 야크, 사향소, 낙타, 심지어 토끼 등 많은 동물의 털로 양모를 만들 수 있어요. 양모 실은 습기를 흡수해도 따뜻함을 유지하는 특성이 있어서 옷뿐만 아니라 담요 등 다양한 용도로 사용하고 있어요. 인류는 약 6,000년 전부터 양모를 사용해 왔어요.

비단

비단은 약 5,000년 전 중국에서 처음 만들어졌어요. 비단은 따로 실을 뽑을 필요가 없는 섬유예요.
왜냐하면 누에나방 애벌레가 모든 작업을 대신 해주기 때문이죠. 먼저 이 어린 애벌레는 많은 뽕잎을 먹어요.
누에는 20~24일 동안 충분히 뽕잎을 먹은 후, 몸에서 생성된 액체를 사용하여 하나의 연속된 생사를 만들고, 그 생사로 자신의 몸을 감아 고치를 만들죠.
사람들은 이 누에고치를 풀어 실을 짜서 부드럽고 섬세한 비단을 만드는 거예요.

달걀처럼 생긴 누에고치는 약 7.5㎝ 길이이며, 하나의 고치에서 900m 이상의 비단실을 뽑아낼 수 있어요.

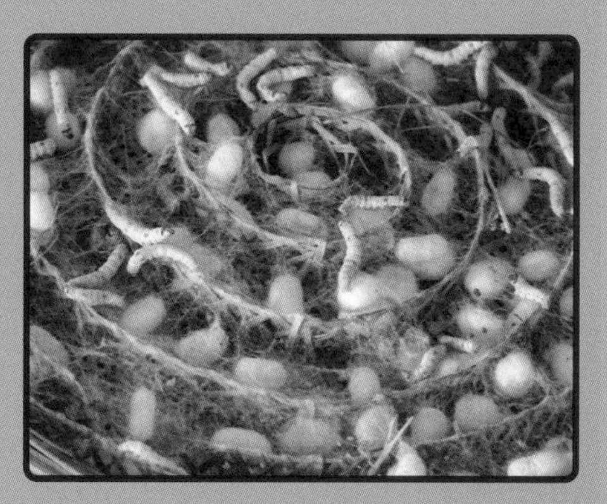

돌아가는 바퀴

우리는 여행을 할 때 다양한 교통수단을 이용해요. 자동차, 버스, 기차 또는 비행기를 타고 불과 몇 시간 만에 멀리 떨어진 다른 도시로 이동할 수 있죠. 하지만 과거에는 먼 곳으로 이동하는 것이 쉬운 일이 아니었어요.

예전에는 물 근처에 살면 배를 타고 이동할 수 있었어요. 노를 저어 가거나 바람의 힘을 이용해서 배를 타고 멀리까지 갈 수 있었죠. 배 덕분에 사람들은 세상 곳곳을 탐험할 수 있었던 거예요.

육지에서 이동하는 가장 멋진 발견은 역사상 단연코 '바퀴'일 거예요. 바퀴가 발명되기 전에는 걷거나 말과 같은 동물을 타는 것이 유일한 이동 수단이었기 때문이죠.

1

슬로베니아 류블랴나 습지에서 발굴된 목제 바퀴는 약 5,200년 전 유물이에요. 이륜 수레에 사용한 것으로 추정돼요.

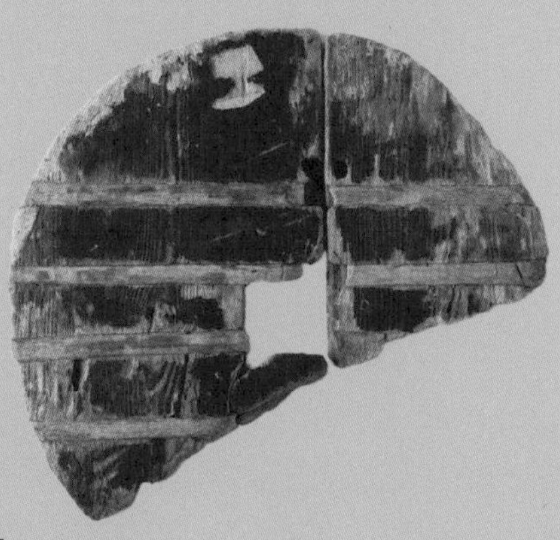

2

살과 금속 테두리(타이어)가 있는 바퀴를 수백 년 동안 거의 모든 종류의 수레와 마차에 사용했어요.

바퀴의 진화

바퀴는 수년에 걸쳐 계속해서 놀랍게 발전했어요. 사람들이 바퀴를 처음 사용한 것은 약 5,500년 전이었죠. 처음에는 무거운 나무로 둥근 모양의 바퀴를 만들었지만, 기원전 2000년쯤 바퀴에 살을 넣으면서 더 가볍고 튼튼한 바퀴를 만들 수 있었어요.

나무로 만든 바퀴는 금방 닳아서 자주 망가졌어요. 그래서 고대 켈트인들은 나무 바퀴 가장자리에 철 띠를 둘러 바퀴를 오래 사용했어요. 이 철 띠를 나중에 '타이어'라고 불렀죠.

그 후 또 2,000년이 지나면서 바퀴는 한 번 더 획기적인 발전을 이루었어요. 1888년 존 던롭이 고무에 공기를 넣은 타이어를 만든 거죠. 이 공기 주입식 타이어는 무척 실용적이어서 곧 모든 자동차에 기본으로 사용하는 표준 타이어가 되었어요.

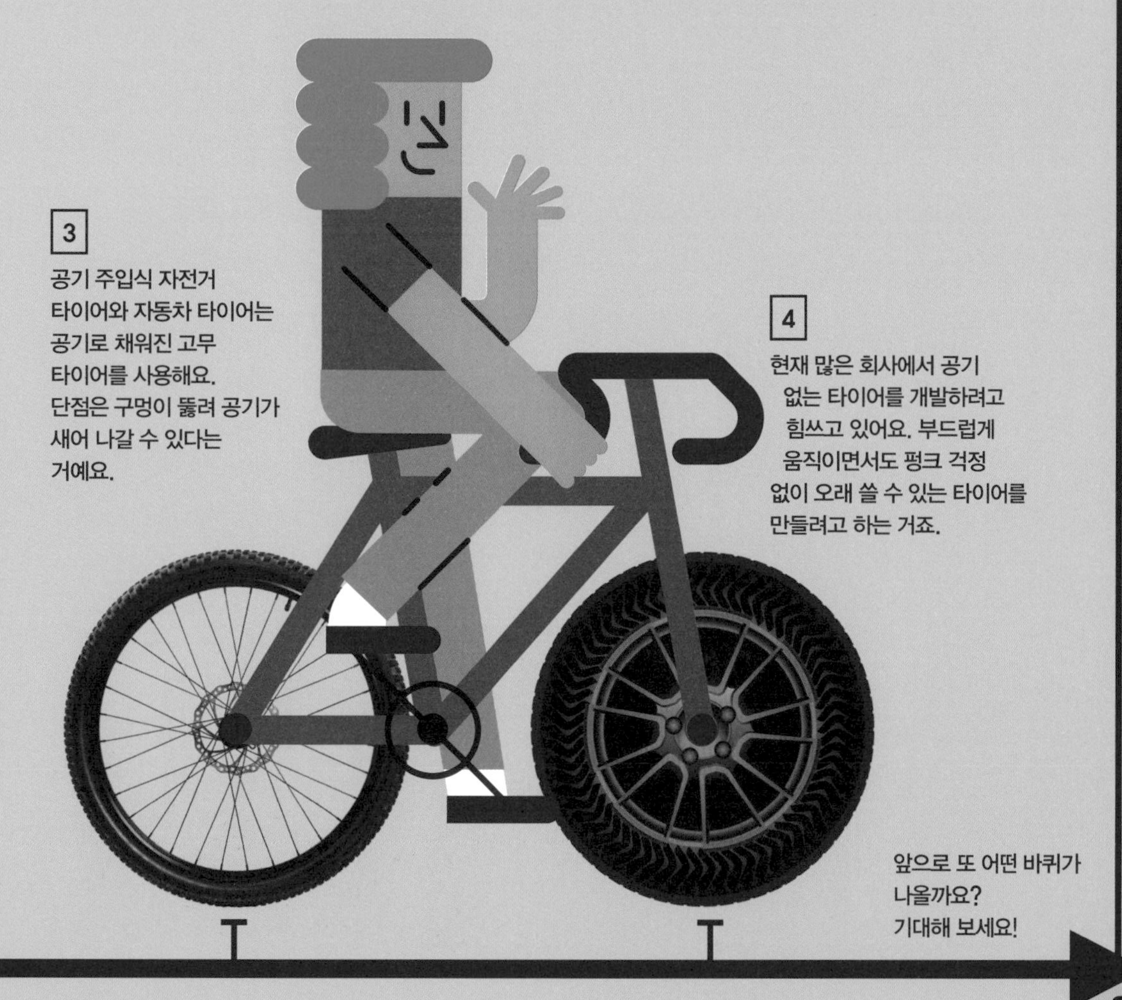

3

공기 주입식 자전거 타이어와 자동차 타이어는 공기로 채워진 고무 타이어를 사용해요. 단점은 구멍이 뚫려 공기가 새어 나갈 수 있다는 거예요.

4

현재 많은 회사에서 공기 없는 타이어를 개발하려고 힘쓰고 있어요. 부드럽게 움직이면서도 펑크 걱정 없이 오래 쓸 수 있는 타이어를 만들려고 하는 거죠.

앞으로 또 어떤 바퀴가 나올까요? 기대해 보세요!

모터

인류는 오랫동안 음식을 하고,
몸을 따뜻하게 하는 데 불을 사용해
왔어요.
하지만 사람들이 불을 사용해 사람이나
물건을 이동하는 방법을 알아낸 것은
1700년대 후반이에요. 처음에는 배를
움직이는 데 불을 사용했고,
그 다음에는 기차를 움직이는 데 불을
사용했죠.
이렇게 운송에 불을 사용할 수 있었던
것은 '내연기관' 덕분이에요.
내연기관은 자동차나 트럭을 움직이는
데 사용되는 엔진의 한 종류로,
휘발유나 디젤 연료를 태워서
동력을 공급하는 장치예요.

증기기관

사람들은 수천 년 동안 물을 끓여서
나오는 증기를 이용해 왔어요.
하지만 1700년대 초에 와서야 과학자들은
이 증기를 이용해서 기계에 동력을
공급하는 피스톤이라는 장치를 밀어내는
방법을 찾아냈죠.
그로부터 100년도 안 되어 증기선이
바람 없이도 강을 따라 위아래로
이동할 수 있었고, 불과 몇십 년 후에는
증기기관차가 철도를 따라 대륙을
가로질렀어요.

**1802년 리처드 트레비식이 최초의
증기기관차를 개발했어요.
하지만 사람들이 실제로 기차를 타고
여행을 시작한 것은 1829년 조지
스티븐슨이 만든 증기기관차 '로켓'과
함께였어요.**

1903년 라이트 형제가 만든 내연기관은 가벼우면서도 비행기를 하늘로 띄울 만큼 힘이 강했어요.

내연기관

증기기관은 크고 무거워서 작은 차에는 사용할 수 없었어요. 그래서 더 작고 가벼운 내연기관을 만들어야 했죠. 이 문제는 실린더 내에서 가연성 가스를 압축한 다음 점화시켜 작동하는 방식으로 엔진의 설계를 바꾸면서 해결됐어요. 연료가 폭발하면 팽창하는 가스가 피스톤을 밀어 바퀴를 돌아가게 만들어서 자동차가 움직이게 하는 거죠. 1903년 라이트 형제가 첫 비행기에 동력을 공급하기 위해 이 엔진을 사용했어요.

전기 모터

전기 자동차(EV)는 완전히 새로운 아이디어는 아니에요. 전기 자동차의 역사는 1830년대로 거슬러 올라가는데, 최초의 충전식 배터리는 1859년에 발명되었어요. 하지만 당시 타고 다니던 전기 자동차는 휘발유 자동차보다 느리고 가격도 엄청 비쌌고, 이동 거리도 짧았죠. 요즘에는 배터리가 더 작아지고, 더 힘이 세지면서 전기 자동차가 휘발유 자동차만큼 잘 달리고 가격도 비슷해졌어요.

발명가 토마스 에디슨(왼쪽 서 있는 사람)은 1900년대 초 전기 자동차 배터리를 개선하기 위해 노력했어요. 하지만 그가 만든 배터리로는 당시에는 휘발유 엔진만큼 멀리, 빠르게 그리고 저렴한 비용으로 자동차를 탈 수 없었어요.

쓰는 데 필요한
종이

저는 글을 쓰는 다른 작가들처럼 책이 훌륭한 물건이라고 생각해요.
책은 이야기와 정보를 세상 곳곳으로 전달하고, 공유할 수 있죠. 전기가 없어도 우리는 언제든지 책을 볼 수 있다는 게 가장 큰 장점일 거예요. 하지만 책을 만들기 위해서는 종이가 꼭 필요해요. 그래서 저는 종이 역시 가장 소중한 물건이라고 생각해요.

초기에 문자 기록은 종이가 아닌 돌이나 점토판에 새겨졌어요.
하지만 돌이나 흙은 무겁고 깨지기 쉬워서 가지고 다니거나 보관하기가 불편했죠.
기원전 3000년경, 이집트 서기관들은 '파피루스'라는 갈대로 가볍고 부드러운 종이를 만들었어요. 이 파피루스는 그 후 3,000년 이상 사용되었어요.

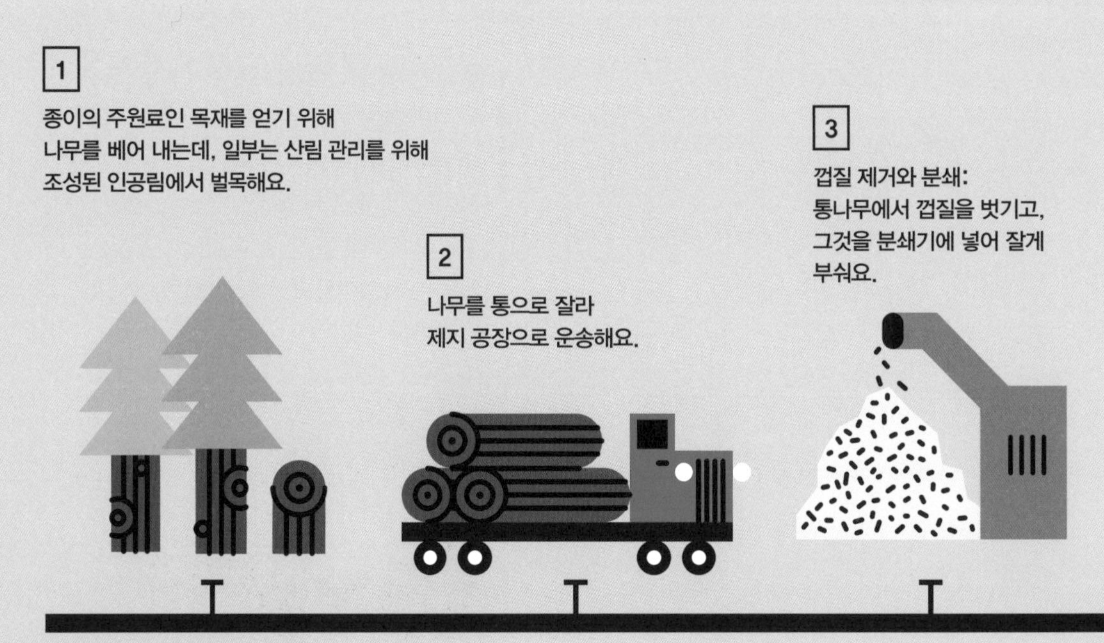

현대의 종이 제조 과정

같은 시기에 다른 곳에서는 사람들이 비단, 리넨, 나무 등에 글을 썼어요. 하지만 이런 재료들은 너무 비싸기도 했고, 쉽게 망가지거나 꽤 무거워서 소수의 권력이 있는 사람들만 사용할 수 있었죠.

그러던 와중에 중국인이 놀랍게도 '종이'를 발명했어요. 전해지는 이야기에 따르면, 서기 105년 차이룬(채륜)이라는 관리가 나무껍질과 대마 섬유를 큰 냄비에 넣고 물과 함께 으깨어 펄프를 만들었다고 해요. 그는 이 펄프를 고운 철망 위에 얇게 펴서 햇볕에 말리는 방식으로 최초의 종이를 만들었어요.

이러한 종이 제작 기술은 아시아와 유럽으로 멀리 퍼져 나갔죠. 이후 1300년대에는 종이가 거의 유일한 필기도구가 되었어요. 1500년대 초에는 개척자들이 아메리카 대륙으로 건너가면서 아메리카 대륙에서 살던 사람들이 쓰던 기록 보존 방식을 종이로 바꿔 놓았어요. 오늘날에도 종이는 여전히 가장 많이 사용하는 필기도구로 남아 있죠!

4

나무 조각들을 끓여
펄프 상태로 만들어요.

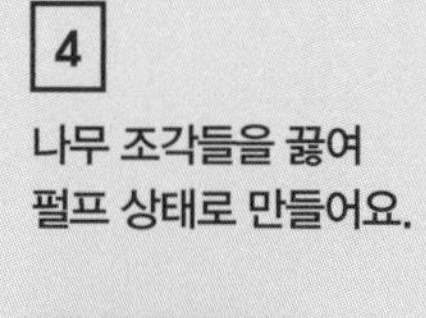

5

펄프에 화학 물질을 첨가하여
펄프를 정제하고 색깔을 빼내요.
때로는 다른 색을 입히기 위해
염료를 첨가하기도 해요.

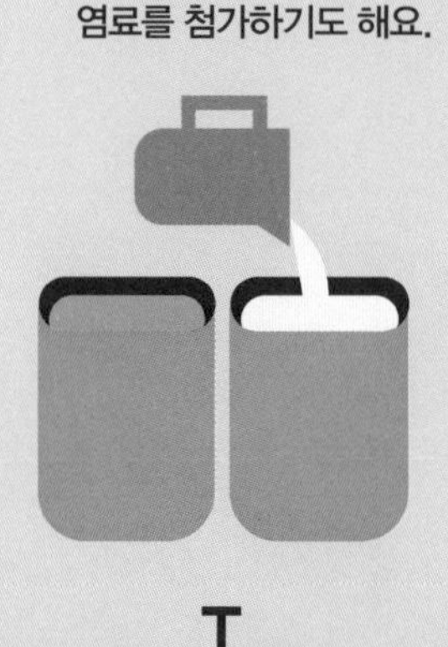

6

평판 스크린에 펄프를 압착해서
물을 짜내요. 그런 다음 종이를 말려서
이 책을 인쇄한 인쇄소처럼 큰 롤에 담아
필요한 사람에게 배송해요.

인쇄

종이는 획기적인 발명이었지만, 쉽게 구할 수 있는 종이를 사용하더라도 책을 만드는 일은 여전히 손으로 일일이 글을 써야 하는 고된 작업이었어요. 하지만 많은 사람들이 책을 읽기를 원했기 때문에 보다 효율적인 복사 방법이 필요했죠. 중국 예술가들은 나무에 글자를 새겨 찍어내는 아이디어를 떠올렸어요. 그들은 각 책 페이지를 나무 블록으로 조각하고, 그 조각한 나무를 잉크로 덮은 다음 종이로 눌렀죠.
이것이 최초의 목판 인쇄술이에요.

중국의 인쇄업자 비셍(비생)은 작업 속도를 올리기 위해서 점토로 만든 개별 문자를 사용하는 인쇄 방법을 생각해 냈어요. 끈적한 왁스로 채워진 철판에 문자를 자유롭게 배열하여 원하는 글자를 만들고, 이를 종이에 찍어 내는 방식이었죠. 새로운 문서를 인쇄할 때마다 왁스를 가열하여 문자를 재배치하는 간단한 과정을 통해 다양한 내용을 효율적으로 인쇄할 수 있었어요.

인쇄 역사의 획기적인 전환점은 가변 활자의 발명이었어요. 이 사진은 활판 인쇄기로 책을 만들기 위해 다양한 글자를 조립하는 모습을 생생하게 보여줘요.

인쇄기

활자를 이용한 인쇄술은 획기적이었지만, 이를 더 효율적으로 발전시킨 인물은 독일의 발명가 요하네스 구텐베르크예요. 구텐베르크는 닳지 않고 계속 반복해서 사용할 수 있을 만큼 강한 특수 금속 활자를 발명했어요. 그리고 활자에 달라붙으면서도 종이에 번지지 않는 새로운 유성 잉크도 발명했죠. 활자로 덮인 판을 종이에 누르는 작업을 빠르고 쉽게 하는 기계를 발명한 사람도 역시 구텐베르크예요.

1450년, 모든 조각이 완성되면서 구텐베르크의 인쇄기가 탄생했어요. 이 혁신적인 기계 덕분에 수백 권의 책을 단 몇 주 만에 인쇄할 수 있게 되었고, 책은 이제 누구나 구입할 수 있을 만큼 저렴해졌어요. 지금 우리가 이 책을 읽고 있는 것도 바로 구텐베르크의 인쇄기 발명 덕분이라고 할 수 있어요. 정말 놀랍지 않나요?

현대의 인쇄기는 디지털 기술을 통해 글자를 배열하지만, 그 기본적인 원리는 여전히 포도즙을 짜내는 데 사용되는 압착기에서 유래한 구텐베르크의 인쇄기와 매우 유사해요.

우리의

건강

지금까지 우리는 음식, 주거, 의복, 교통, 책에 대해 살펴 봤어요.
이번에는 우리 조상들은 상상도 하지 못했던 우리를 더 건강하고 더 오래 살 수 있게 해주는 물건들에 대해 살펴 보기로 해요.

비누

비누는 매일 아침을 상쾌하게 하는 마법의 물건이죠. 오염 물질을 씻어내는 '비누'가 없었다면 하루하루 생활하기가 얼마나 힘들지 생각해 보세요.

대부분의 역사학자들은 인류 최초의 '세정제'를 오늘날 이라크 지역에 살았던 고대 수메르인들이 만들었다고 생각해요. 기원전 4,500년경, 수메르인들은 식물의 재와 지방을 혼합하여 끓이는 과정에서 우연히 세정 물질을 발견했어요. 더러운 손이나 옷, 식기에 이 세정 물질을 문지른 다음 물로 씻으면 오염 물질이 깨끗이 사라졌죠.
그렇다면 그 원리는 무엇일까요?

비누 분자는 마치 자석처럼 서로 다른 양쪽을 가져요. 한쪽은 물을 좋아하는(친수성) 머리 부분이고, 다른 한쪽은 기름과 먼지를 좋아하는(소수성) 꼬리 부분이죠.
먼저 먼지를 좋아하는 꼬리 부분이 먼지를 붙잡고, 그 먼지를 둘러싸면서 거품 같은 입자인 미셀을 만들어요. 그런 다음 물을 좋아하는 머리 부분이 물과 연결되어 미셀을 떼어서 흘려보내죠.

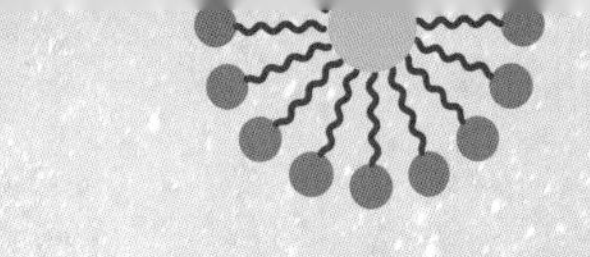

비누 분자는 기름때를 잡아서 떼어 내는 역할뿐만 아니라, 물 분자 사이의 결합력을 느슨하게 해서 물이 피부나 섬유 깊숙이 침투할 수 있도록 돕기도 해요.

친수성 머리
물을 좋아하지만
기름이나 먼지는
싫어해요!

소수성 꼬리
물은 싫어하지만
기름과 먼지는
좋아해요!

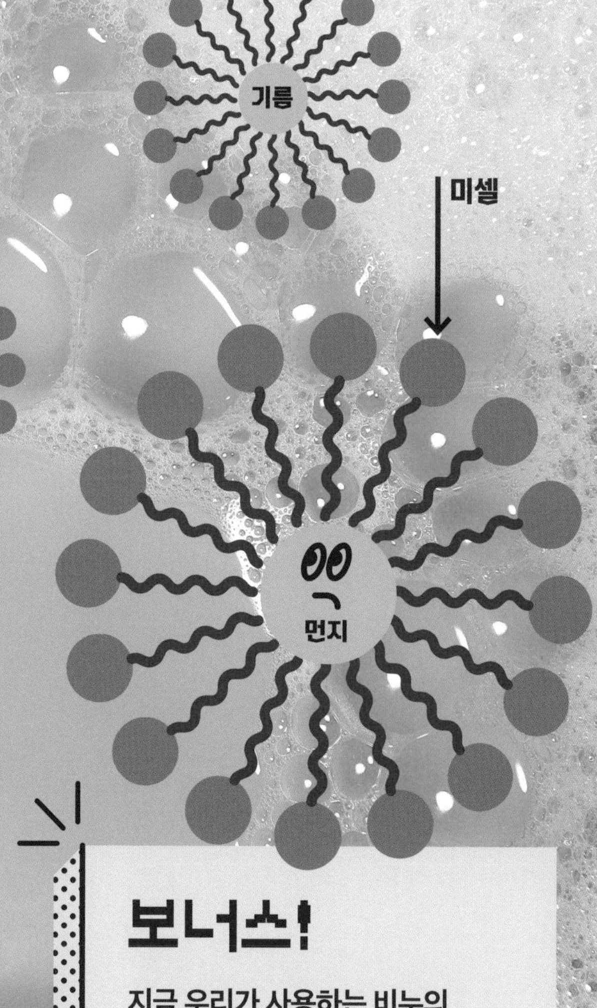

먼지

먼지

기름

보너스!

지금 우리가 사용하는 비누의 기본 화학 원리는 4,500년 전과 다르지 않아요.

소독제

우리가 54쪽에서 이야기했던 미생물에 대해 알게 된 것은 매우 최근의 일이에요. 1590년에 현미경이 발명되기 전에는 아무도 작은 미생물이 존재한다는 사실을 몰랐어요. 그리고 이 미생물이 병을 일으킬 수 있다는 것도 상상하지 못했죠.

1865년 영국의 의사 조지프 리스터는 '소독'이라는 절차를 도입하여 외과 수술에 혁명을 일으킨 분이에요. 당시 팔다리를 절단하는 외과 수술을 받은 환자들의 절반 가까이는 무서운 패혈증으로 목숨을 잃었어요. 그 당시에는 의사들이 손을 씻거나 기구를 소독하는 경우가 거의 없었기 때문이죠. 그리고 그들은 환자들이 사망하는 이유도 알지 못했어요.

홍역 바이러스

리스터는 공기 중의 미생물이 음식을 부패시킨다는 사실을 알고 있었어요. 그래서 패혈증을 일으키는 원인이 수술 부위의 감염 또한 미생물 때문이라고 추측했어요. 이런 생각을 바탕으로 리스터는 수술 전후에 의사와 간호사에게 손, 수술 도구, 환자의 상처를 강력한 살균제인 카볼릭산으로 꼼꼼하게 소독하도록 지시했어요.

코로나 바이러스

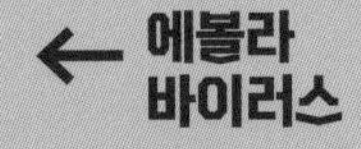

광견병 바이러스

리스터는 수술실 전체에도 카볼릭산을 뿌려 공기 중의 세균도 죽였어요.

소독 절차가 들어간 그의 수술 방법은 효과가 커서 수술 후 감염으로 인한 사망자가 크게 줄어들게 되었죠.

요즘 우리는 비누 같은 소독제뿐만 아니라 과산화수소, 요오드, 알코올을 사용하여 가벼운 상처를 치료하거나 몸에 있는 세균을 죽이기도 해요. 또한 환경에서 질병을 유발하는 세균을 없애기 위해서 물질 표면이나 공기 중에 살균제를 뿌리거나 식수에 살균제를 넣기도 해요.

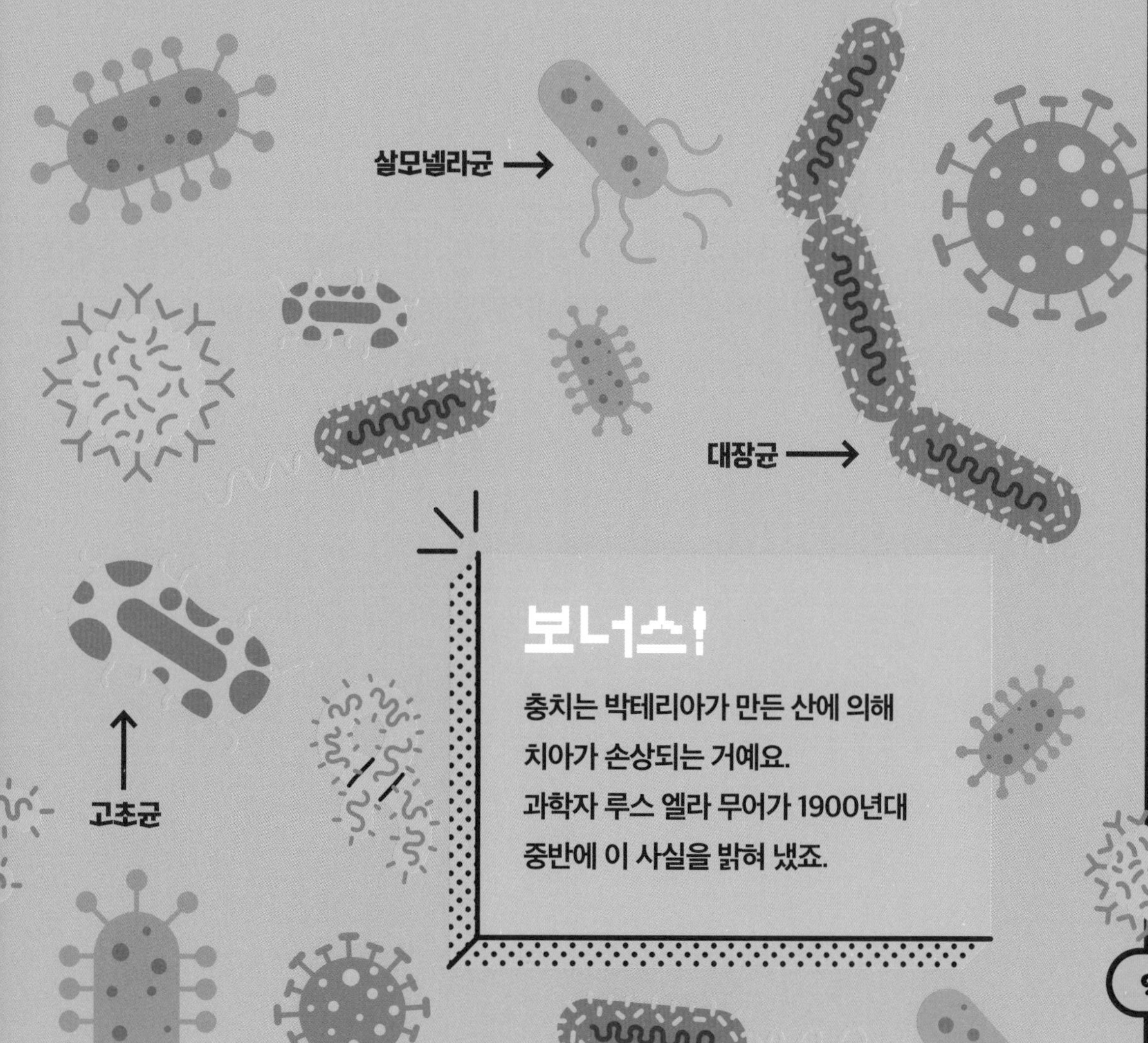

보너스!

충치는 박테리아가 만든 산에 의해 치아가 손상되는 거예요. 과학자 루스 엘라 무어가 1900년대 중반에 이 사실을 밝혀 냈죠.

세균과의 전쟁

세균은 우리 주변 어디에나 있기 때문에 청소와 소독을 아무리 자주 해도 세균을 완전히 없애기는 어려워요. 하지만 과학은 항생제와 백신이라는 강력한 무기를 개발하여 세균 감염으로부터 우리를 보호하고 있죠. 항생제는 이미 우리 몸에 들어온 세균을 직접 공격하여 질병을 치료하는 역할을 해요. 그리고 백신은 약한 세균이나 세균의 일부를 미리 우리 몸에 넣어서 우리 몸이 강력한 면역력을 갖도록 훈련시키는 거예요.

항생제

박테리아에 감염되면 항생제를 복용해 세균을 죽이거나 세균의 번식을 막아서 질병을 치료할 수 있어요.
인류 최초의 상업용 항생제는 1928년 알렉산더 플레밍이 우연히 발견한 푸른곰팡이에서 추출한 '페니실린'이에요. 그 이후 개발된 다양한 항생제들은 모두 인류의 평균 수명을 늘리는 데 크게 도움을 줬어요.

항바이러스제

항생제는 박테리아 감염에만 효과가 있지만 감기나 독감처럼 우리를 괴롭히는 많은 질병은 바이러스에 의해 발생하는 거예요. 사실 감기만 해도 200종이 넘는 바이러스가 원인이 될 수 있죠.
이런 바이러스에 감염됐을 때 우리는 '항바이러스제'를 사용하여 바이러스가 우리 몸의 세포를 이용해 증식하는 것을 막아야 해요.

백신

우리가 바이러스나 일부 박테리아로 인한 질병에 걸리지 않도록 도와주는 방법에는 백신을 접종하는 것도 있어요. 백신을 접종하면 우리 몸은 특정 유형의 세균을 인식하고 그 세균이 체내에 들어오는 즉시 공격하도록 신체 면역 체계를 훈련시켜요. 보통 주사로 접종하지만, 가루약이나 코에 뿌리는 스프레이 형태로 접종하기도 해요.

백신의 종류는 다양해요. 그중에서 가장 효과가 좋은 코로나19 백신은 mRNA라는 특별한 성분을 사용한 것이에요. mRNA는 우리 몸의 설계도와 비슷한 역할을 하는 물질로, 이 설계도를 이용해서 우리 몸이 스스로 코로나19 바이러스를 막을 수 있도록 도와줘요.

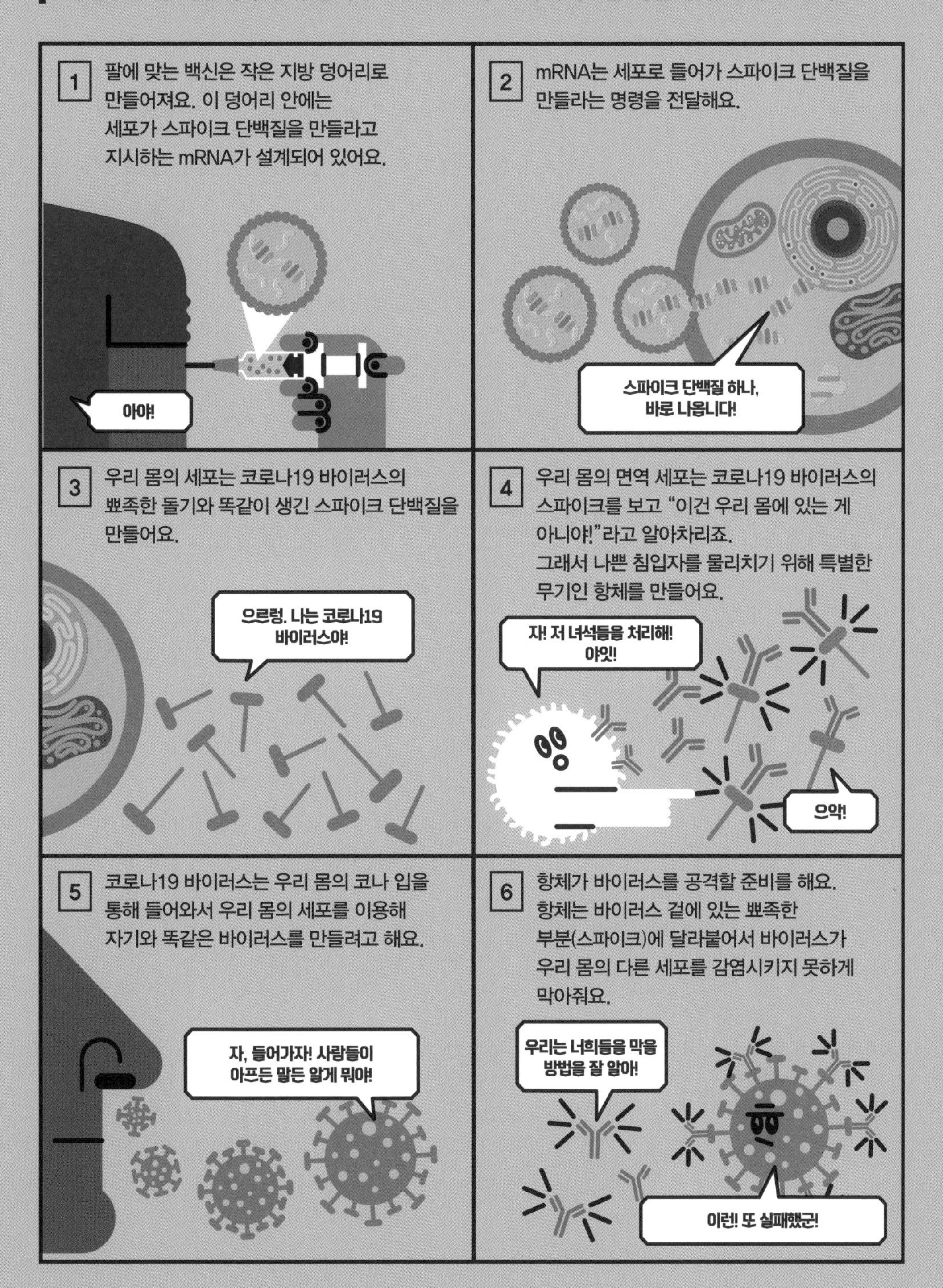

진통제

현대 의학으로 많은 질병을 치료하고 예방할 수 있지만, 아직까지 완벽하게 정복하지 못한 질병들도 많아요. 하지만 아플 때 힘들지 않도록 고통을 덜어 주는 약이 있어요. 바로 '진통제'예요. 열이 나거나, 목이 아프거나, 머리가 아프거나, 근육이 아프거나, 다친 부위가 아플 때 진통제를 먹으면 통증이 좀 가라앉죠. 진통제 중에는 '살리실산'이라고 하는 게 있는데, 이는 버드나무 껍질에서 나온 특별한 성분으로 만든 거예요.

옛날부터 사람들은 아플 때면 버드나무 껍질을 씹거나, 차로 마시거나, 찜질 재료로 사용했어요. 하지만 이것을 사용하면 배가 아프거나 토하는 등 위험한 일이 생길 수 있었죠. 1897년에 독일의 제약사 바이엘(Bayer Company)에서 아세틸살리실산, 즉 '아스피린'이라는 새로운 약을 만들었어요. 아스피린은 버드나무 껍질과 비슷한 효과를 내면서도 더 안전했어요. 이후 아세트아미노펜과 이부프로펜 등 아스피린과 유사한 약물이 많이 발명되었어요.

수술할 때는 진통제만으로 통증을 없애기 힘들어요. 이때는 마취를 통해 통증을 느끼지 않고도 수술을 받을 수 있어야 해요. 작은 상처를 꿰매거나 충치를 치료할 때는 연고나 주사를 통해 몸의 일부분만 잠깐 마비시키는데, 이를 '부분 마취'라고 해요. 신경이 뇌로 신호를 보내는 것을 차단하여 신체의 작은 부위에서 통증을 못 느끼게 해주는 거예요.

큰 수술을 할 때는 마치 잠이 든 것처럼 아무것도 못 느끼게 하는 '전신 마취'를 해요. 전신 마취를 통해 환자는 의식이 없는 상태에서 안전하게 수술을 받을 수 있어요. 이처럼 진통제는 매우 중요한 역할을 해요.

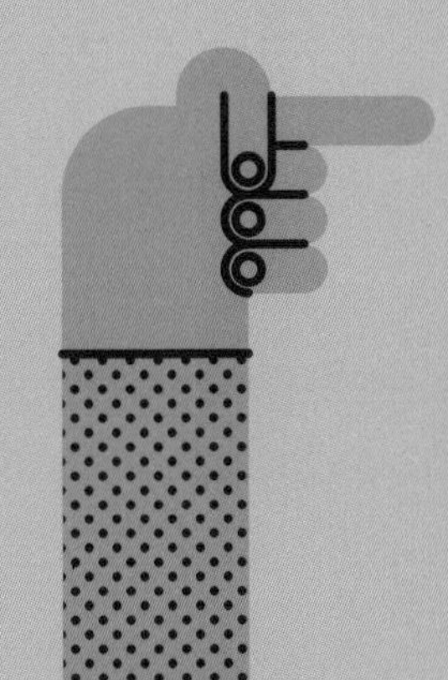

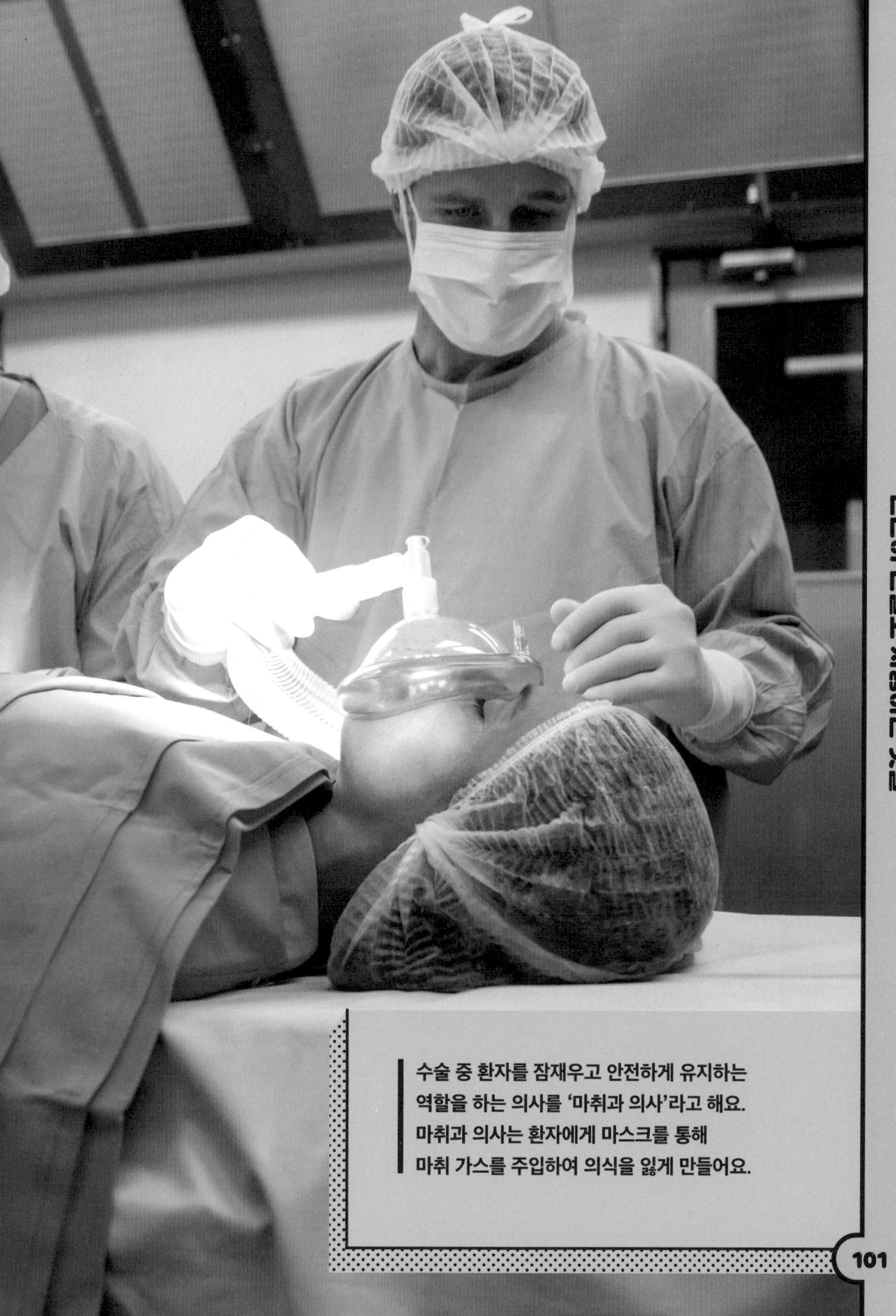

수술 중 환자를 잠재우고 안전하게 유지하는
역할을 하는 의사를 '마취과 의사'라고 해요.
마취과 의사는 환자에게 마스크를 통해
마취 가스를 주입하여 의식을 잃게 만들어요.

인공 신체 기관

우리 몸은 자연이 만들어 준 매우 정교한
기계지만, 다른 기계와 마찬가지로
시간이 지나면서 고장이 날 수 있어요.
수년에 걸쳐 과학자와 엔지니어들은
우리 몸의 고장 난 부분을 대신할 수 있는
다양한 장치를 만들었어요.
이제 우리는 신장처럼 혈액을 정화하고,
폐처럼 호흡하고, 심장처럼 혈액을
펌프질할 수 있는 장치를 갖게 되었죠.

우리 삶을 편리하게 바꾼 많은 발명품들은
강하고, 가벼우며, 물이 새지 않는 특별한
재료인 '케블라' 덕분이에요. 케블라는
1965년에 스테파니 퀄렉이라는 과학자가
발명했어요.

여기서는 우리 삶을 더욱 건강하고
풍요롭게 만들어 준 생체 의학 공학의
놀라운 발명품들을 소개할게요.

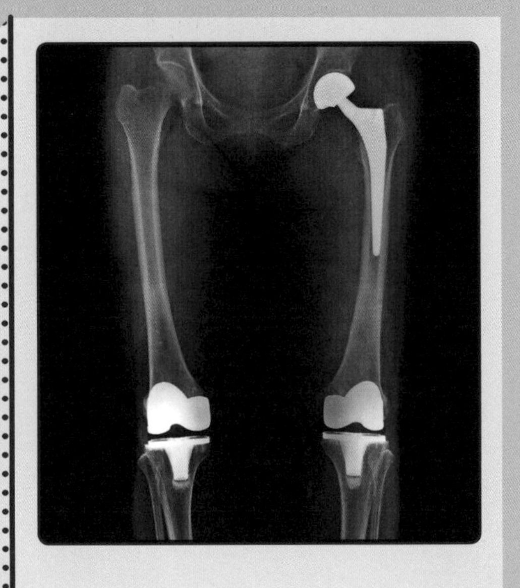

인공 관절

나이가 들면서 우리 몸은 마치 오래된
기계처럼 낡고 닳아서 아픈 부분이
많아져요. 특히 무릎이나 엉덩이 관절은
많이 사용하기 때문에 쉽게 손상되죠.
하지만 이제는 인공 관절을 사용해서
아픈 관절을 완전 새것처럼 바꾸고
다시 활기찬 삶을 살 수 있게 되었어요.

인공 보철

보철물은 태어날 때부터 없거나
사고로 잃어버린 팔, 다리 등을 대신해
주는 인공 신체를 말해요.
최근에는 팔, 손, 다리와 같은 의수의
발달로 수천 명의 사람들이 도움을 받고
있죠. 컴퓨터와 배터리 등 과학 기술이
발달하면서 인공 신체 중에는 실제 인간의
신체처럼 자연스럽게 움직이고 감각을
느낄 수 있는 것도 있어요.

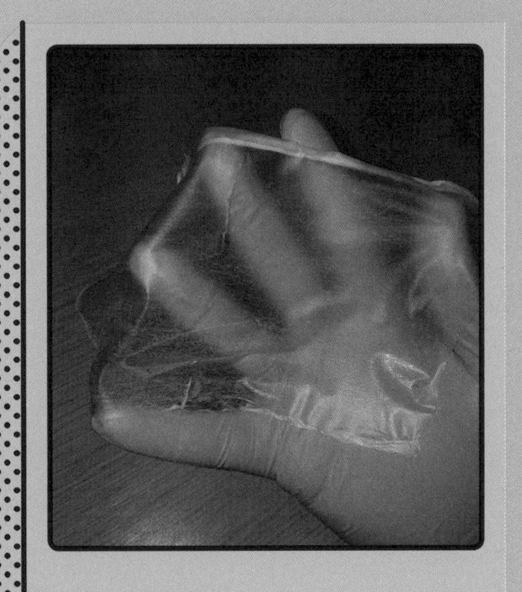

인공 피부

수천 년 동안 의사들은 심각한 화상을
입은 사람들의 피부를 대체할 수 있는
방법을 찾기 위해 연구해 왔어요.
얼마 전까지만 해도 화상을 입으면 다른
신체 부위의 피부를 떼어 붙이는 것이
유일한 방법이었죠. 하지만 이제는 살아
있는 세포와 합성 고분자를 섞어 만든
인공 피부를 만들 수 있게 되었어요.
현재 3D 프린터를 사용하여 가까운
미래에는 100% 합성 피부를 만드는
연구도 활발하게 진행 중이에요.

빛, 카메라 그리고

스마트폰

이제는 우리의 현대적인 삶을 가능하게 해 준 기기들에 대한 얘기도 빼놓을 수 없죠. 그중에서도 스마트폰은 가장 멋진 기기예요. 개인용 컴퓨터, 통신 기기, 엔터테인먼트 기기 등 다양한 기능을 하나로 통합하여 현대인의 삶을 더욱 편리하게 만들어 주고 있죠.

컴퓨터는 기본적으로 다재다능한 문제 해결 기계라고 할 수 있어요. 스마트폰 역시 두말할 거 없는 컴퓨터죠. 컴퓨터는 하드웨어(물리적인 구성 요소)와 소프트웨어(하드웨어에 다양한 문제를 해결하는 방법을 알려주는 지침)를 결합한 장치예요.

컴퓨터에서 두뇌 역할을 하는 것을 집적 회로 또는 컴퓨터 칩이라고 해요. 이 작은 실리콘 기판 위에는 수많은 전자 회로와 기타 미세한 부품들이 새겨져 있어요. 엄지손톱 크기의 칩 하나에 50만 개의 트랜지스터가 들어갈 정도로 매우 작고 정교하죠.

소프트웨어는 우리가 컴퓨터에 입력하는 모든 정보를 0과 1로 된 기계어로 바꿔서 처리해요. 그리고 처리한 결과를 다시 우리가 이해할 수 있는 형태인 언어, 이미지, 소리 등으로 바꿔서 화면에 나타내거나 스피커로 들려 주죠. 이 모든 과정은 매우 빠르게 이루어져서 우리는 마치 컴퓨터가 우리의 생각을 바로 이해하고 반응하는 것처럼 느끼는 거예요.

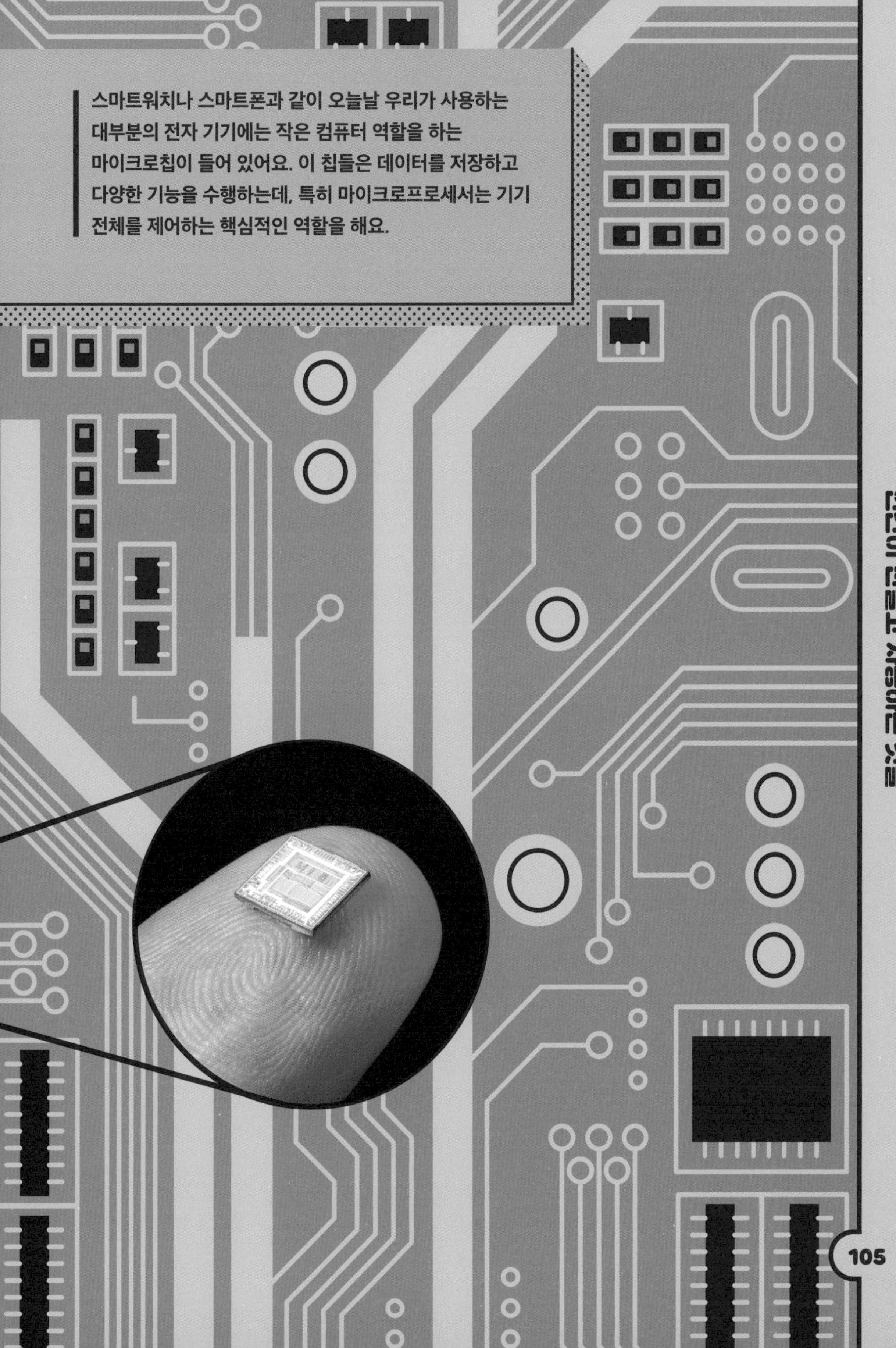

스마트워치나 스마트폰과 같이 오늘날 우리가 사용하는 대부분의 전자 기기에는 작은 컴퓨터 역할을 하는 마이크로칩이 들어 있어요. 이 칩들은 데이터를 저장하고 다양한 기능을 수행하는데, 특히 마이크로프로세서는 기기 전체를 제어하는 핵심적인 역할을 해요.

마이크와 스피커

소리는 물질과 에너지가 결합된 신기한 현상이에요. 어떤 물질이 떨리고, 그 떨림이 다른 물질을 타고 퍼져 나가는 현상이라고 할 수 있죠. 다시 말해 소리는 성대나 악기와 같은 물체의 진동으로 발생하는 거예요. 이 소리 에너지는 고체, 액체, 기체를 통해 음파라는 운동 에너지의 펄스를 타고 이동해요. 음파가 우리의 고막에 도달하면, 그 에너지로 인해 고막이 진동하게 되고, 신경은 다시 그 신호를 뇌로 전달하죠. 인류 역사에서 소리의 전달은 항상 이런 방식으로 이루어졌어요.

1800년대부터 발명가들은 전화, 라디오, 영화 등을 만들어 내기 시작했어요. 이 발명품들은 모두 마이크와 스피커를 사용하여 소리를 녹음하고 전송했죠. 그리고 1900년대 중반부터 디지털 시대가 오면서, 이전 발명품들의 기능들을 하나의 기기인 스마트폰에서 해낼 수 있게 되었어요. 물론 스마트폰은 소리 외에도 다양한 기능을 제공해요. 놀라운 점은 이 모든 변화에도 불구하고, 마이크와 스피커의 기본적인 작동 원리는 150년 전과 크게 다르지 않다는 거예요.

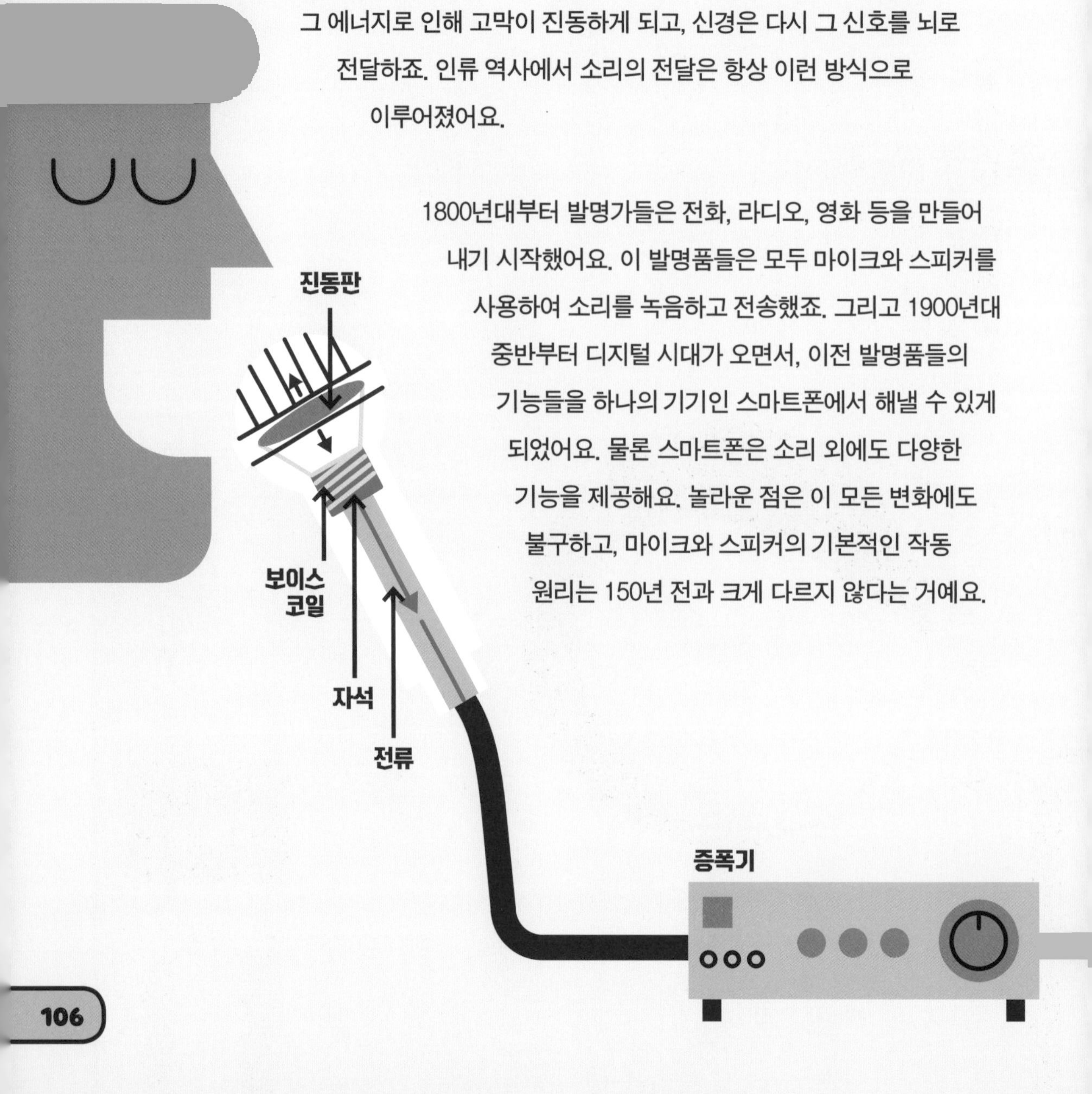

마이크

일부 마이크에서는 음파(음악이나 말소리)가 진동판이라고 하는 얇은 막을 밀어내요. 진동판은 보이스 코일이라고 하는 전선 코일을 자석 주위에서 앞뒤로 움직이게 하죠. 이렇게 하면 전기 펄스가 생성되는 거예요. 마이크가 컴퓨터나 다른 저장 장치에 연결되어 있으면 전류는 변환기를 통해 저장을 위한 1과 0의 디지털 배열로 변환돼요. 그렇지 않으면 바로 증폭기로 가서 신호를 증폭하여 스피커를 통해 재생할 수 있죠.

스피커

스피커는 마이크와 반대되는 역할을 해요. 스피커에서는 전기 신호가 자석 안의 보이스 코일을 앞뒤로 움직이게 해요. 이 코일은 진동판에 연결되어 있고, 진동판이 공기를 밀고 당겨 소리 파동을 생성해요. 이 소리 파동은 스피커 콘을 통해 우리 귀에 도달해서 고막을 진동시켜요. 만약 소리가 디지털로 녹음되었다면, 1과 0의 디지털 배열이 변환기를 통해 전류로 바뀌는 과정을 거치게 되겠죠.

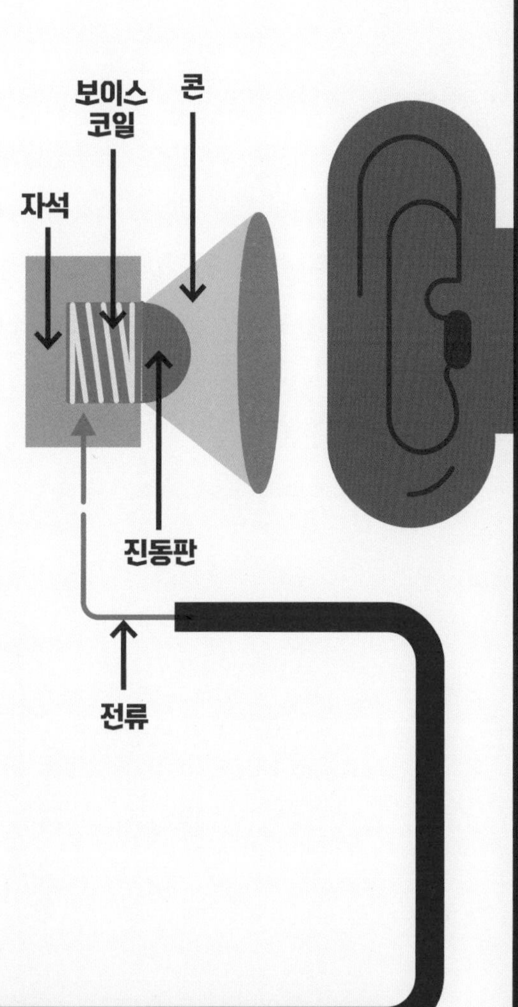

전파 연결

우리 인간은 그 어느 때보다 더 서로 연결되어 살아가고 있어요. 모바일 장치를 통해 언제 어디서나 누구와도 소통할 수 있죠. 그런데 이 모든 연결성이 가장 느린 진동을 가진 전자기파인 '전파' 덕분이라는 것을 알고 있나요? 인간은 1800년대 후반부터 전파를 사용했어요. 처음에는 모스 부호 신호를 보냈고, 그 다음에는 음성, 음악 및 기타 소리, 시각적 자료와 데이터를 장거리로 전송했죠. 또한 우주에서 오는 전파를 감지하여 우주에 대해서도 배울 수 있게 되었죠.

무선 전화 통화를 전송하는 것도 전파예요. 전화를 걸면 마이크가 음성을 전기 신호로 변환하고, 이 신호는 마이크로칩에 입력되어 전파로 변환돼요. 그런 다음 전파는 송신기를 통해 전화기를 떠나 셀 타워로 이동하고, 전화를 건 사람의 전화기 수신기에 도달할 때까지 신호를 전달하죠. 거기서 전파는 전기 신호로 다시 변환되고, 친구의 전화기 스피커를 울려 소리를 내게 돼요. 그리고 이 모든 과정이 빛의 속도로 빠르게 이루어지죠.

전파는 또한 문자 메시지에서 스트리밍 비디오에 이르기까지 모바일, 위성, Wi-Fi 또는 블루투스 시스템을 통해 데이터를 송수신할 수 있게 해줘요.

보너스!

1900년대의 유명한 영화배우
헤디 라마르는 발명가이기도 했어요.
헤디 라마르는 오늘날 Wi-Fi로 이어지는
기술을 개발하는 데 도움을 줬어요.

전신주는 때때로 풍경에
어울리도록 디자인이 되기도 해요.
이것은 소나무처럼 보이도록 만들어진
전신주예요.

환경을 위협하는

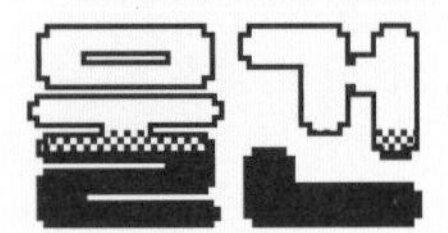

지난 200만 년 동안 우리 조상들은 물질과 에너지의 본질을 이해하면서 엄청난 과학 발전을 이루었죠. 그리고 이를 통해 놀라운 물건들도 셀 수 없이 많이 개발할 수 있었어요. 하지만 이런 긍정적인 발전이 지구 환경에 심각한 피해와 위협을 가져오기도 했어요. 인류의 무분별한 개발은 지구 생태계를 파괴했고, 게다가 우리의 미래 세대에게 막대한 부담을 안겨주게 되었죠.

다행히도 긍정적인 변화도 계속해서 일어나고 있어요. 과학자와 엔지니어들은 우리가 직면한 문제를 해결하기 위해 끊임없이 노력하고 있죠. 그 해결책 중 하나는 친환경적인 새로운 방법으로 물건을 만드는 거예요! 그들은 새로운 기술과 아이디어로 지금도 세상을 변화시키고 있어요. 여기서는 그 내용을 소개할게요.

포장 문제

우리가 배출하는 쓰레기 중에서 상당 부분은 우리가 사는 물건을 포장하는 재료에서 나와요. 종이, 골판지, 금속, 유리, 플라스틱으로 만든 용기는 내용물을 꺼내면 모두 폐기해야 하는 것들이죠. 특히 플라스틱 용기는 버려지면 미세 플라스틱으로 변해서 생태계를 오염시키거나 사람의 몸으로 들어가 인류의 건강을 위협하게 돼요. →

대부분의 식품은 과도한 포장 없이도 충분히 보관할 수 있어요. 많은 사람들이 플라스틱 쓰레기를 줄이기 위해 포장이 최소화한 식품을 선택하고 있죠.

미세 플라스틱은 호흡하거나 음식물을 섭취할 때 우리 몸에 들어와 건강 문제를 일으킬 수 있어요.

해결 방법!

쓰레기 문제를 해결하는 시작은 바로 쓰레기를 줄이는 거예요. 불필요한 포장을 줄이고, 장바구니를 사용하며, 재활용을 생활화하는 거죠. 이런 작은 실천이 큰 변화를 가져올 수 있어요. 다행히도 많은 사람이 재활용의 중요성을 알고 있어요. 이제 사람들은 종이, 유리, 플라스틱뿐만 아니라 음식물 쓰레기도 퇴비로 만들어 재활용하는 등 자원 순환 시스템을 구축하고 있죠.

핵폐기물

인류가 이룬 가장 놀라운 발견 중 하나는 원자가 분열할 때 방출되는 에너지를 활용하는 거예요. 핵분열이라고 하는 이 과정은 화석 연료를 태우지 않고 전기를 생산할 수 있죠. (핵분열에 대한 자세한 내용은 19페이지를 참조하세요.)
핵분열은 기후 변화를 해결하는 대안으로 주목받고 있지만 아주 중요한 문제가 있어요. 바로 수천 년 동안 지속되는 방사성 폐기물을 만든다는 거죠. 과학자들은 아직까지 안전하게 핵폐기물을 처리하는 기술을 개발하지 못했어요. 그래서 핵폐기물은 계속 쌓이는 경우가 많아요. ⟶

핵폐기물은 아직까지 안전한 처리 기술이 없어 지하 깊은 곳에 임시 보관만 하고 있어요. 이는 마치 시한폭탄과 같이 우리의 미래 세대에게 큰 위협이 될 수 있어요.

독일의 폐쇄된 원자력 발전소에서 심각한 손상이 발생하고 있어요.

해결 방법!

기후 변화에 대응하기 위해 풍력과 태양광 같은 재생 에너지가 빠르게 확산하고 있어요. 많은 국가가 탄소 배출을 줄이고 깨끗한 에너지 시스템으로 전환하기 위해 노력하고 있죠.
또한 일부 국가에서는 노후 원자력 발전소를 폐쇄할 수 있게 되었어요.
풍력과 태양광 이외에도 수소, 핵융합 (19페이지 참조), 바이오 연료 등 다양한 청정에너지 기술이 개발되고 있어요.
특히 박테리아를 이용한 메탄올 생산은 새로운 가능성을 제시하며 주목받고 있죠.

기후 변화를 일으키는 음식

우리는 생존과 건강을 위해 반드시 음식을 먹어야 해요. 하지만 우리가 먹는 닭, 돼지, 소를 키우는 데는 많은 에너지가 필요할 뿐 아니라 온실가스도 대기 중으로 방출하게 돼요. 여러분도 알고 있듯이 온실가스는 우리 대기 중에 축적되어 기후를 변화시키는 주범이죠.
우리는 너무 늦기 전에 지구 온난화의 속도를 늦추기 위해서라도 가능한 한 육류 소비를 최대한 빨리 줄이도록 노력해야 해요. →

소는 반추동물로, 위에서 음식물을 발효시키는 독특한 소화 과정을 가지고 있어요. 이 과정에서 다량의 메탄이 생성되고, 메탄은 트림을 통해 배출되죠. 이는 대기 중 메탄 농도를 높이는 주요 원인 중 하나예요.

푸짐한 식물성 단백질로 가득한 이 버거는 맛있고 영양가가 높으며 기후 변화와 싸우는 데도 유용해요. 완두콩, 병아리콩, 옥수수에 양념을 버무려 만들어진 음식이거든요.

해결 방법!

가장 간단한 방법은 육류와 유제품을 덜 먹고 과일, 채소, 견과류, 콩, 곡물을 더 많이 먹는 거예요.
다행히도 고기를 좋아하는 사람들을 위해 과학자들은 고기 맛을 내는 다양한 식물성 대체육을 개발하고 있어요.
지구 기후에 미치는 영향을 줄이면서도 우리가 좋아하는 맛을 즐길 수 있도록 하는 거죠.
이를 통해 우리는 맛과 건강을 모두 챙길 수 있게 되었어요.

혜성, 암흑 물질, 소행성, 운석, 산,
결정, 보석, 극한 환경 생물, 화석,
단순 기계, 부메랑, 악기, 페인트,
신발, 폭약, 보트, 비료, 지도, 돈,
망원경, 탄화수소, 석유화학 제품,
유리, 접착제, 세라믹, 거울, 렌즈,
시계, 전구, 온도계, 트랜지스터,
비행기, 비행선, 사진, 음파, 잠수함,
합금, 비디오 디스플레이, X선, 로켓,
스쿠버 다이빙, 원자로, 레이저,
레이더, 인공지능(AI), GMO,
나노튜브, 위성, 초전도체...

소개하지 못한 물건들

자, 이제 우리의 여정이 끝나가네요. 우리는 이 책에서 많은 물건을 다루었지만, 여전히 아직 담지 못한 이야기도 무궁무진해요. 매년 새로운 발견과 혁신이 이루어지는 만큼, 이 책도 매년 업데이트할 수 있다면 좋겠어요. 지금 이 순간에도 과학자와 엔지니어들은 우리의 삶을 개선하기 위해 끊임없이 새로운 것들을 생각하기 때문에 앞으로 더 많은 것들이 새롭게 만들어질 거예요.

제가 이 책에 담고 싶었지만 간단히 언급할 수 없어 담지 못한 이야기들은 마치 보물 상자와 같아요. 이제 여러분 스스로 보물을 찾아 나서는 즐거움을 느껴 보세요.

모험을 즐겨 보세요!

용어 해설

경유 DIESEL FUEL | 석유나 유기물에서 추출한 중질유로, 자동차나 전기를 생산하는 데 사용된다.

광물 MINERAL | 결정을 형성하는 물질. 예를 들어 석영, 방해석, 장석, 소금, 얼음 등이 있다.

광석 ORE | 금속과 같은 귀중한 물질을 함유한 암석이다.

광합성 PHOTOSYNTHESIS | 식물이 햇빛을 이용하여 물과 이산화탄소를 포도당으로 변환하는 과정. 이 과정에서 식물은 우리가 호흡하는 산소를 방출한다.

극성 POLAR (CHEMISTRY) | 전하가 양극으로 분리되어 양극과 음극을 띤 상태이다.

극지 POLAR (GEOGRAPHY) | 지구의 북극과 남극 주변 지역을 가리킨다.

다량 영양소 MACRONUTRIENTS
건강을 유지하기 위해 다량으로 섭취해야 하는 영양소이다.

단열된 INSULATED | 열이나 추위가 한쪽에서 다른 쪽으로 이동하는 것을 막는 물질로 싸여 있는.

단열재 INSULATION | 한쪽에서 다른 쪽으로 열이 이동하는 것을 막는 물질이다.

담수 FRESHWATER | 염분 함량이 낮은 물. 호수, 강, 개울, 빙하 등에 담수가 있다.

대기 ATMOSPHERE | 지구를 둘러싸고 있는 공기층이다.

대기압 AIR PRESSURE | 지구 대기가 지구 표면을 누르는 힘. 대기압의 변화는 바람을 발생시킨다.

디옥시리보핵산 DNA (deoxyribonucleic acid) | 생명체의 세포에서 설계도 역할을 하는 분자로 생명체의 발달과 기능을 지시한다.

마그마 MAGMA | 지구 표면 아래의 액체 상태의 암석이다.

마이크로바이옴 MICROBIOME | 미생물로 구성된 생태계. 우리 몸을 비롯하여 지구 곳곳에 마이크로바이옴이 존재한다.

마이크로칩 MICROCHIP | 실리콘 조각에 전기 회로가 새겨진 작은 부품. 현대 컴퓨터의 기반이다.

물질 MATTER | 원자로 구성된 모든 것. 물질은 공간을 차지하고 질량을 가진다. 물질의 네 가지 일반적인 상태는 고체, 액체, 기체, 플라스마다.

미량 영양소 MICRONUTRIENTS | 건강을 유지하기 위해 소량만 섭취해도 충분한 영양소이다.

미생물 MICROBES / MICROORGANISMS | 사람이 현미경을 사용해야만 볼 수 있을 정도로 작은 생명체이다.

밀도 DENSITY | 특정 공간에 얼마나 많은 물질이 들어 있는지를 나타내는 측정값. 많은 물질이 밀집되어 있으면 밀도가 높고, 같은 공간에 물질이 적으면 밀도가 낮다.

바큇살 SPOKES (WHEEL) | 바퀴의 중심(허브)과 바퀴의 가장자리 테를 연결하는 막대이다.

방사성의 RADIOACTIVE | 원자가 분해되어 열과 생명체에게 종종 위험한 방사선을 방출하는.

배터리 전해질 ELECTROLYTE (BATTERY) | 배터리의 음극과 양극 사이에서 이온이 통과할 수 있게 하는 물질이다.

별 STAR | 스스로 빛을 내는 거대한 가스 구체로, 지속적으로 일부 자신을 에너지로 변환한다.

복사하는 RADIANT | 종종 빛이나 열의 형태로 에너지를 방출하는.

분자 MOLECULE | 전자를 공유하는 두 개 이상의 원자. 원자가 이런 식으로 결합하면 완전히 다른 종류의 물질이 될 수 있다. 예를 들어 두 개의 수소 원자와 한 개의 산소 원자가 결합하면 물이 된다.

빅뱅 BIG BANG | 우주의 시작으로 눈에 보이지 않을 정도로 작은 점에서 모든 별, 행성, 은하로 팽창한 순간을 말한다.

빙하기 ICE AGE | 지구의 많은 부분이 빙하로 덮여 있던 여러 시기 중 하나이다.

색소 PIGMENT | 물질에 색을 부여하는 물질이다.

생체 의학 공학 BIOMEDICAL ENGINEERING | 의료 문제를 해결하기 위해 기술을 활용하는 분야이다.

성운 NEBULA | 별이 죽은 후 남은 거대한 먼지와 가스 구름으로, 새로운 별과 태양계가 탄생하는 곳이다.

성질 PROPERTY | 어떤 것이 어떻게 보이고 행동하는지를 설명하는 범주.
질량, 크기, 모양, 맛, 질감 등이 모두 성질이다.

세포 CELLS | 생명체의 기본 구성 요소.
일부 생명체는 단세포로 이루어져 있고, 다른 생명체는 수조 개의 세포로 구성되어 있다.

세포핵 NUCLEUS (BIOLOGY) | 세포의 통제 센터로, DNA가 저장되어 있는 곳이다.

수증기 WATER VAPOUR | 물의 기체 형태이다.

숯 CHARCOAL | 나무를 산소가 거의 없는 환경에서 천천히 태워 만든 물질. 우리가 흔히 아는 숯불의 주재료. 산소를 완전히 차단하면 더 이상 타지 않고 연료로 저장할 수 있다.

스펙트럼 SPECTRUM | 어떤 것의 범위. 예를 들어 인간의 크기 스펙트럼의 한쪽 끝에는 작은 아기가 있고, 다른 쪽 끝에는 농구 선수와 스모 선수가 있다.

식용 가능한 EDIBLE | 먹어도 안전한.

앰프 AMPLIFIER | 스피커로 흐르는 전류를 증폭시켜 소리를 더 크게 만들어 주는 장치이다.

에너지 ENERGY | 물질을 움직이고 변화시키는 힘이다.

연료 FUEL | 연소되어 에너지를 방출하는 물질이다.

연소 COMBUSTION | 물질이 산소와 결합하면서 열과 빛을 빠르게 일으키는 현상. '불(fire)'이라고 부른다.

열대의 TROPICAL | 지구의 적도 부근 지역의.

열의 THERMAL | 열과 관련된.

엽록소 CHLOROPHYLL | 식물과 일부 미생물의 세포에 있는 녹색 색소로, 광합성에 필요한 태양 에너지를 흡수한다. 식물이 녹색을 띠는 이유다.

영양소 NUTRIENTS | 생명체가 성장하고 번성하기 위해 필요한 물질. 비타민, 미네랄, 지방, 탄수화물, 단백질 등이 모두 영양소다.

온실가스 GREENHOUSE GAS | 대기에 열을 가두어 지구를 따뜻하게 유지하는 가스이다.

용암 LAVA | 지구 표면으로 분출된 액체 상태의 암석이다.

우주 UNIVERSE | 존재하는 모든 것이다.

원소 ELEMENT (CHEMICAL) | 한 종류의 원자로 구성된 물질이다.

원자 ATOM | 화학 원소의 가장 작은 단위. 원자는 양성자, 중성자, 전자를 포함하는 아원자 입자로 구성된다.

유기물 ORGANIC MATTER | 살아 있거나 죽은 생물체의 물질. 유기물은 탄소가 풍부하다.

유기체 ORGANISM | 살아 있는 생명체이다.

응결 CONDENSATION | 수증기와 같은 기체가 물과 같은 액체로 변하는 과정. 구름 형성이나 얼음물 컵의 표면에 물방울이 맺히는 현상 등에서 볼 수 있다.

이온 ION | 전자를 얻거나 잃은 원자 또는 화합물. 이온은 음전하 또는 양전하를 띤다.

인대 LIGAMENT | 동물의 몸에서 뼈와 뼈를 연결하지만 관절이 움직일 수 있도록 하는 조직 띠를 말한다.

인화성의 FLAMMABLE | 쉽게 불이 붙는.

자석 MAGNET | 대부분의 전자가 같은 방향으로 회전하는 금속 조각. 자석은 철과 일부 다른 금속을 끌어당긴다. 자유롭게 움직일 수 있도록 매달린 자석은 지구의 자기장에 따라 남북 방향으로 정렬된다.

전기 회로 CIRCUIT (ELECTRICAL) | 전원과 전력을 필요로 하는 장치를 연결하는 닫힌 도체 루프이다.

전기의 ELECTRICAL | 전자의 움직임과 관련된.

전령 RNA mRNA | DNA에서 개별 지침을 복사하여 이를 따를 수 있는 곳으로 운반하는 분자이다.

전류 ELECTRICAL CURRENT | 도체를 통과하는 전자의 흐름이다.

전자 ELECTRONS | 원자핵 주위를 도는 음전하를 띤 입자. 원자 외부에도 존재하며, 전자의 움직임이다.

전자기 스펙트럼 ELECTROMAGNETIC SPECTRUM
매우 빠르게 진동하는 감마선부터 더 느린 가시광선, 더 느린 전파에 이르기까지 다양한 전자기파의 전체 범위를 말한다.

점화하다 IGNITE | 불을 붙이다.

중력 GRAVITY | 물체를 서로 끌어당기는 힘. 물체의 질량이 클수록 다른 물체를 더 강하게 끌어당긴다.

진동 VIBRATION | 빠른 앞뒤 또는 위아래 운동이다.

질량 MASS | 물체에 얼마나 많은 물질이 있는지를 측정하는 값. 지구에서는 저울로 무게를 측정하여 질량을 계산한다.

초신성 SUPERNOVA | 큰 별이 죽을 때 발생하는 폭발이다.

태양계 SOLAR SYSTEM | 별과 행성, 왜소행성, 소행성, 혜성, 달을 포함한 모든 천체들이 중력에 의해 서로 결합되어 있는 상태이다.

토양 SOIL | 퇴적물, 유기물, 물, 미생물의 혼합물. 대부분의 식물은 성장하기 위해 토양이 필요하다.

퇴적물 SEDIMENT | 바람, 물 또는 다른 힘에 의해 이동되어 쌓인 작은 돌, 흙, 유기물 입자이다.

폴리머 POLYMER | 많은 작은 단위가 반복되어 이루어진 매우 긴 분자이다.

합금 ALLOY | 두 가지 이상의 금속이나 금속과 다른 원소의 혼합물. 철과 탄소의 결합으로 만들어지는 강철이 대표적인 합금이다.

합성의 SYNTHETIC | 인공적인, 자연적으로 발생하지 않는.

핵 NUCLEUS (CHEMISTRY) | 원자의 중심은 양전하를 띤 양성자로 구성되어 있으며 중성인 중성자를 포함할 수 있다.

핵의 NUCLEAR | 어떤 것의 중심 구조와 관련된. 원자력(Nuclear Power)은 원자의 핵에서 방출되는 에너지다.

행성 PLANET | 별의 주위를 공전하는 물질 덩어리 중 질량이 충분히 커서 구형이 되고 궤도상의 작은 물질 덩어리들을 제거한 물체이다.

호르몬 HORMONE | 신체에서 만들어지는 물질로, 체액(주로 혈액)을 통해 이동하여 멀리 떨어진 곳에서 작용한다. 인슐린은 혈액에서 포도당을 신체 세포로 이동시켜 에너지를 생성하는 많은 호르몬 중 하나이다.

화산구 VOLCANIC VENT | 용암과 가스가 지구 표면으로 분출되는 곳이다.

화석 FOSSIL | 주로 돌 속에 보존된 고대 생물의 유해나 흔적이다.

화석 연료 FOSSIL FUEL | 생물의 유해가 땅속에서 수백만 년 동안 압력과 열을 받아 생성된 연료. 석유, 석탄, 천연가스 등이 화석 연료에 속한다.

화학 CHEMISTRY | 원자와 원자들이 결합하고 분리되는 과정을 다루는 과학이다.

효소 ENZYME | 신체가 만들어 내는 단백질의 하나로, 신체 과정을 시작하거나 가속화한다. 아밀라제는 침 속에 있는 효소로, 녹말(빵 등)을 당으로 분해하는 데 도움을 준다.

휘발유 PETROL | 화석 연료를 가공하여 액체 형태로 만든 연료로, 자동차의 동력원으로 사용된다.

흙 DIRT | '토양' 참고.

힘줄 TENDON | 동물의 몸에서 근육을 다른 것(주로 뼈)에 부착시키고 근육이 다른 것을 잡아당기는 데 도움을 주는 끈 모양의 조직이다.

연구 노트

이 책은 다양한 주제를 다루고 있어서 기본적인 사실을 파악하기 위해 백과사전, 과학 교과서, 학술 논문 등을 비롯해서 신문 기사와 함께 다양하고 풍부한 인터넷 정보를 폭넓게 참고하여 만들었어요.

인터넷 정보의 경우는 좀 까다롭게 수집했어요. 정보가 합법적이고 정확한지 확인해야 하기 때문이죠. 우선은 신뢰할 수 있는 기관에서 운영하는 웹사이트인지 확인했고, 반드시 두 개 이상의 권위 있는 출처를 통해 사실을 교차 검증했어요. 이러한 엄격한 검증 과정을 거쳐 신뢰성이 확보된 정보만을 독자들에게 제공하고자 한 거죠.

또한, 이 책을 위해 박물관을 직접 방문하여 자료를 수집하고, 관련 분야 전문가인 에밀리 브루노와 심층적인 인터뷰를 진행했어요. 원고가 완성된 후에는 당연히 꼼꼼한 사실 확인 과정을 거쳐 정확성을 높였어요.

무엇보다 엘리자베스 아탈레이와 같은 전문 사실 확인자의 도움을 받아 다양한 신뢰할 수 있는 자료와 비교 검증하여 오류를 최소화하도록 노력했죠. 엘리자베스와 함께 방대한 양의 자료를 조사하고 분석했으며, 그 결과를 바탕으로 이 책을 완성했어요.

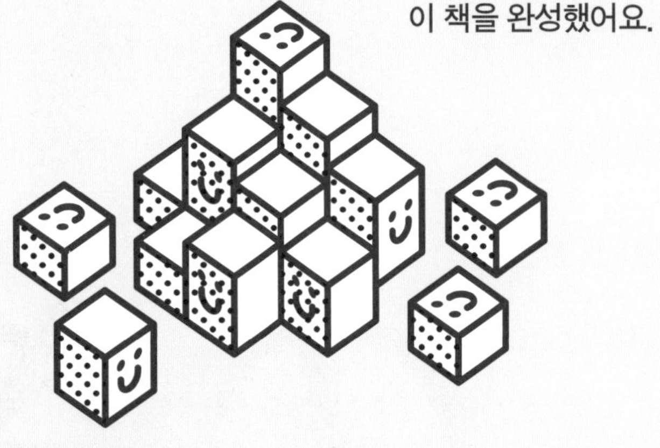

사진 저작권

자신의 사진과 일러스트를 사용할 수 있도록 허락해 주신 아래의 분들에게 감사드립니다. 이미지 저작권을 최대한 유지하려고 노력했지만, 혹시나 있을 수 있는 오류나 누락에 대해서 사과드립니다. 향후 판본에서 필요한 수정 사항이 있을 경우 기꺼이 수정해 드리겠습니다.

표지 이미지: 마이크 Vermette/iStock.com, 바퀴 왼쪽 mariusFM77/iStock.com, 오른쪽 alexfan/Shutterstock

p. 4 lechatnoir/iStock.com;
p. 17 왼쪽 위 WildMedia/Alamy, 오른쪽 아래 Brozova/iStock.com;
p. 18 왼쪽 위 Greg Balfour Evans/Alamy, 오른쪽 아래 by Zigmar Stein/AdobeStock.com;
p. 19 왼쪽 위 SeventyFour Images/Alamy, 오른쪽 아래 Thiago Trevisan/Alamy;
p. 26 WitR/iStock.com;
p. 29 sciencephotos/ Alamy;
p. 39 NASA/Alamy;
p. 51 Videologia/iStock.com;
p. 60 왼쪽 아래 fcafotodigital/iStock. com, 오른쪽 가운데 Marilyn Barbone/Shutterstock;
p. 61 왼쪽 아래 alle12/iStock.com, 오른쪽 위 carlosgaw/iStock. com;
p. 63 Nikada/iStock.com;
p. 65 MET/BOT/Alamy;
p. 66 왼쪽 아래 Spaxia/Dreamstime.com, 오른쪽 가운데 lapandr/123RF.com;
p. 67 왼쪽 아래 kellIII/iStock.com, 오른쪽 위 Eyewave/Dreamstime.com;
p. 69 ClassicStock/Alamy;
p. 72 왼쪽 아래 Stock87/iStock.com, 오른쪽 가운데 xijian/iStock.com;
p. 73 왼쪽 아래 Mailson Pignata/iStock.com, 오른쪽 위 Pacific Press Media Production Corp./Alamy;
p. 80 왼쪽 가운데 Bogdanhoda/ iStock.com, 오른쪽 아래 microstocker/iStock.com;
p. 81 왼쪽 위 kali9/iStock.com, 오른쪽 아래 geogphotos/Alamy;
p. 82 Maticsandra/Dreamstime.com;
p. 84 왼쪽 가운데 Angelique Nijssen/iStock.com, 오른쪽 아래 rvimages/ iStock.com;
p. 85 왼쪽 위 GrigoriosMoraitis/iStock.com, 오른쪽 아래 Nopparat Promtha/iStock.com;
p. 86 왼쪽 아래 Museum and Galleries of Ljubljana, 사진: Andrej Peunik, 오른쪽 아래 Nastco/iStock.com;
p. 87 왼쪽 아래 mariusFM77/iStock.com, 오른쪽 아래 alexfan32/Shutterstock;
p. 88 duncan1890/iStock.com;
p. 89 왼쪽 위 LOC Photo/Alamy, 오른쪽 아래 Bill Waterson/Alamy;
p. 92 ferrantraite/iStock.com;
p. 93 image by Patrice Audet from Pixabay;
p. 95 배경 Viorika/iStock.com;
p. 101 Hispanolistic/iStock.com;
p. 102 ChooChin/iStock.com;
p. 103 왼쪽 아래 AnnaStills/iStock.com, 오른쪽 위 Dr Antonios Keirouz;
p. 105 삽입 Szasz-Fabian Jozsef/Shutterstock;
p. 109 Susan Vineyard /Alamy;
p. 111 왼쪽 아래 pcess609/ iStock.com, 오른쪽 위 Marlon Trottmann/iStock.com;
p. 112 왼쪽 아래 Enrico Salvadori/Alamy, 오른쪽 위 dpa picture alliance/Alamy;
p. 113 왼쪽 아래 Joel Masson/iStock.com, 오른쪽 위 Marko Jan/iStock.com

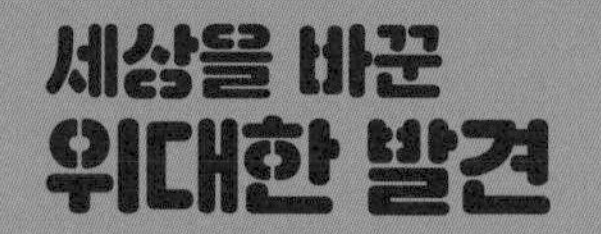

1판 1쇄 인쇄 2025년 2월 6일
1판 1쇄 발행 2025년 2월 25일

지은이 스티브 토메섹
그린이 존 디볼
옮긴이 김정한
펴낸이 여종욱

책임편집 최지향 **디자인** NURi

펴낸곳 도서출판 이터
출판등록 제2016-000148호
주 소 인천시 중구 은하수로 436
전 화 032-746-7213 **팩 스** 032-751-7214
이메일 nuri7213@nate.com

ISBN 979-11-89436-51-3 (73450)
책값 15,000원

놀이터는 이터의 어린이 출판 브랜드입니다.

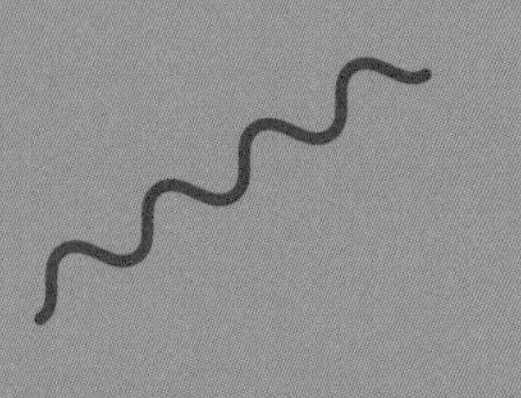